KEPUSHU

有趣的少儿科普书

希望的田野

◎王敬东 著

济南出版社

图书在版编目(CIP)数据

希望的田野/王敬东著.—济南：济南出版社，2013.6

（有趣的少儿科普书）

ISBN 978-7-5488-0881-7

Ⅰ.①希… Ⅱ.①王… Ⅲ.①农业技术—少儿读物 Ⅳ.①S-49

中国版本图书馆 CIP 数据核字（2013）第 132633 号

责任编辑 张所建
装帧设计 侯文英

出版发行 济南出版社
地　　址 济南市二环南路 1 号(250002)
发行热线 0531-86131730　86131731　86116641
印　　刷 济南华林彩印有限公司
版　　次 2013 年 6 月第 1 版
印　　次 2013 年 6 月第 1 次印刷
成品尺寸 115 毫米×185 毫米　1/32
印　　张 4.25
字　　数 51 千字
定　　价 12.80 元

前 言

田野，希望的田野，科学工作者为之倾注了大量心血。

水与土这一古老课题，焕发出青春活力，为人们创造了许多光华的篇章。

土地，离不开肥料的滋养，在科学家的手下，出现了许多令人耳目一新的趣闻。

植物，生命的基础是种子。然而科学家的“神手”又给我们创造了试管新苗、细胞融合、人工种子的奇迹。

植物同人一样，也能患病招灾。因而，也就诞生了为庄稼保驾的“灵丹妙药”。

人们的餐桌上离不开蔬菜，你可知道它的林林总总与新奇？

希望的田野，离不开高科技——基因工程的“护航”，这方面的发展日新月异，

捷报频传。

植物“飞”上太空之后，身价倍增，有着诱人的发展前景。

这本书将会告诉你这一切，会使你眼界大开。

目　录

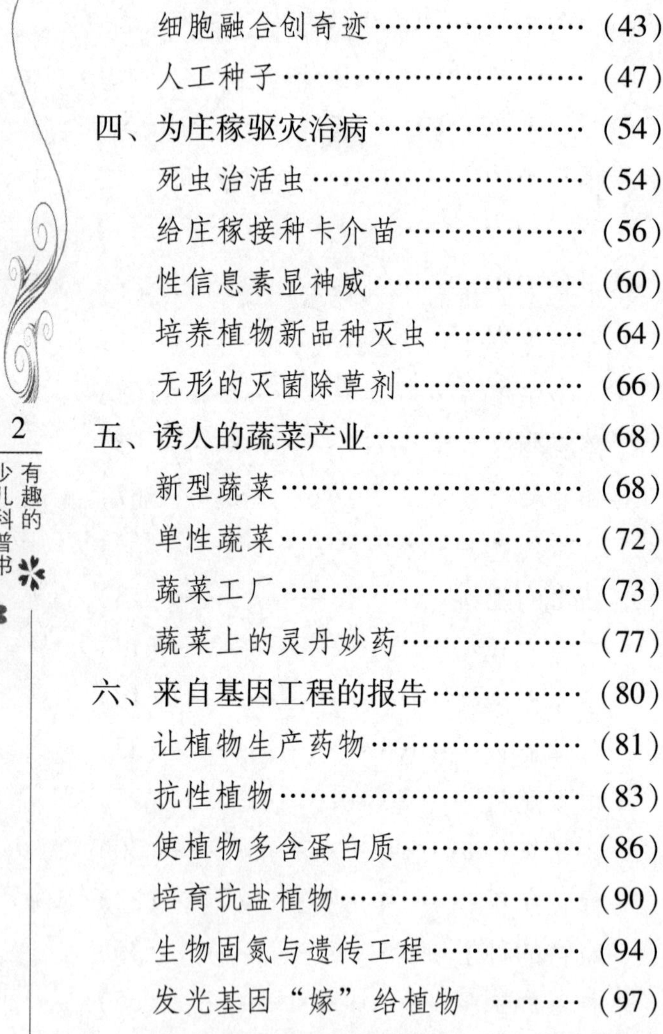

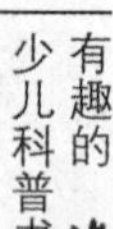

一、水与土的新篇章

水，是作物生长不可缺少的“血液”。

土，是作物赖以生长发育的“根基”。

水与土，是作物的“护身符”，是生命的“主旋律”。

然而，随着现代农业科技的发展，水与土似乎显得不那么生死攸关，人类在水与土这一古老的课题上，谱写了许多新篇章……

无水灌溉法

农作物受到干旱的困扰，就得用水灌溉。这是自古以来的传统方法。

那么，无水灌溉又是怎么一回事呢？

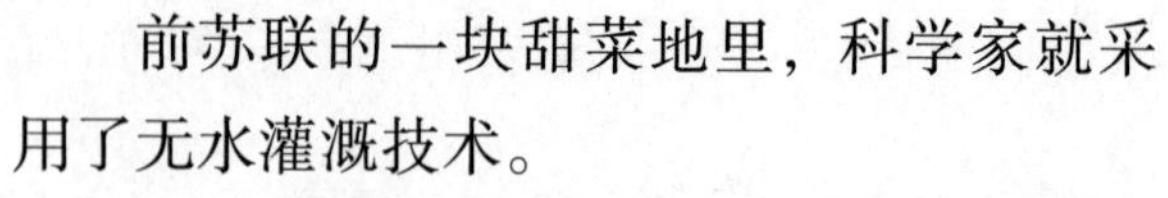

前苏联的一块甜菜地里，科学家就采用了无水灌溉技术。

无水灌溉技术是改装大田喷灌装置，使用低浓度的熟石灰悬浮液喷洒在甜菜叶子上，使甜菜叶子和地面都变成白色，即使不灌溉，也能较好地保持土壤中和甜菜植株中已有的水分。

因为白色的表面能更好地反射灼热的阳光，使水分蒸发减少。

根据 2 年的试验，甜菜产量提高了 10%。

美国新墨西哥大学对干旱时减少植物水分的蒸腾进行研究，取得了一定的成果。

科学工作者认为，在缺少水源的条件下，减少植物蒸腾无疑是一种行之有效的措施。

科学工作者用发明的减少作物水分蒸腾的碳氢化合物制剂——“沃里科特”进行了为期 7 年的研究。

在玉米试验地里，干旱期间用“沃里科特”制剂溶液喷洒叶面，叶面很快形成一层极薄的膜，使散失大量水分的气孔封闭。

试验结果表明，在缺水的地块上采用这种方法，可使玉米单产提高11%～17%，每公顷最佳用量为2千克。

试验的成功，无疑为农作物增加抗旱能力、稳产高产提供了条件。

人造土壤

土壤，是植物的命根子。

你可知道，土壤也可人造？

以色列威兹曼研究院的塞特，经过多年的探索，终于研究出一种适用于温室和其他特殊环境下供农作物生长的介质——人造土壤。

人造土壤的基料，是一种同云母性能相似的矿物。它的制作过程，是先将其加热到1000℃左右，这时它便会像爆米花那样喷出气体来，并形成含有许多气孔的材

水
土

料，这样，它就能容纳许多水分了，这对于某些农作物的生长是很有利的。

有趣的是，塞特等人还对人造土壤进行了肥沃化处理。结果证明，这种肥沃化的人造土壤，表现出了很大的魅力，可以推广应用到农村，因为用它种植出的作物产量高，而且可以使农民在作物的生长季节免施肥料。

野外试验的结果表明，用 1/3 的人造肥沃土壤同 2/3 的天然土壤混合后，种出的番茄产量提高了 33%，黄瓜产量则提高了 45%。

人造土壤，在缺少耕地的情况下，更表现出了特有的魅力。

聚合物显身手

面对土壤的侵蚀和沙漠地区的风蚀，人们不免产生了这样一种企盼：能产生一种物质来保持水源，防止土壤的侵蚀该有

多好啊！于是，科技的发展使一种聚合物应运而生。

聚合物，是工业的“产儿”，在农业生产中初露锋芒，显示出了无比的优越性。

英国近年来生产了一些新的聚合物产品——保水聚合物和防水聚合物。保水聚合物可以为作物提供水源，防水聚合物可以防止土壤的侵蚀。这无疑给干旱地区、沙漠地区以及风蚀严重地区的农业生产带来了福音。

水分在沙土中下渗太快，不能储存下来为农作物所利用。通过使用保水聚合物颗粒，和土壤混合达到饱和后，可以吸收和保持30倍于聚合物本身重量的水分。作物可以毫不费力地从“聚合物水库”中吸收到所需要的水分，甚至可以在原来的不毛之地茁壮成长。

防侵蚀聚合物是固定、保护土壤，防风蚀、水蚀的一种新的物质。这种物质使用到砂粒中后，不但可以防止土壤侵蚀，还可以减少土壤水分的蒸发，起到保水保温的作用。

防侵蚀聚合物的使用方法是：浅根作物种子与该聚合物以 5∶1 的比例混合，均匀撒施，然后灌水。如根深作物，在播种前每平方米可喷施 5 克防侵蚀聚合物。如果两种聚合物配合使用，效果更好。

目前，这两种聚合物价格较高。可以预料，随着生产流程的改进和生产规模的扩大，这些产品的价格会下降，那时，更新的聚合物在干旱地区的农业生产中将起着重要的作用，大显身手。

作物栽培创奇迹

如果说用盐水浸流沙，沙丘可种菜，或许有人不信。告诉你吧，这可是真实的事情。这是我国科学家的杰作。

我国沙漠生态科学家，在塔里木油田的大沙漠中，成功地用苦咸水在沙丘上种植蔬菜、瓜果、树木，其中部分蔬菜亩产

达国内单产最高纪录，创造了作物栽培的奇迹。

塔里木油田，地处我国第一大流动沙漠塔克拉玛干沙漠的腹地，全年风沙天气超过130天，每千米输沙量高达6000吨，昼夜温差20℃以上，被认为是“生命的禁区”。

沙漠生态科技工作者，经过反复研究试验发现，由于沙土渗透性强，通气性好，对盐水中的有害成分可以很快溶解，并淋洗到深层沙土中。沙土和一般黏土相比，还有不吸盐的特性，正好可以用来种植作物。

现在沙漠生态科技工作者已经总结出沙漠苦咸水温室种植和大田种植两种栽种技术，以及生物脱盐、沙土施肥等农用新技术和新方法。

经过3年多的试验，试验区昔日寸草不生的大沙漠上，如今已建起千亩温室菜园、有护墙的露天菜地，以及植物固沙林25亩、防沙林带120米、草坪2亩、花坛

50 平方米，建立起完整的咸水灌溉体系。

沙漠咸水栽种的蔬菜瓜果品种有芹菜、菠菜、番茄、蒿菜、苋菜、黄瓜、甜瓜、西瓜等，有 34 种之多。

每当夏季来临，这里鲜花盛开，植物青翠，蔬菜碧绿，成为一个小小的沙漠绿洲，真是新颖独特，别有意境。

奇特的免耕技术

从古至今，翻土和耕地是农业生产不可缺少的步骤，这已在人们的思想中根深蒂固。

近年来，世界不少地方逐渐试行少耕地或者免耕地的新方式，这种形式被称为免耕农业，说来令人耳目一新。

大家知道，翻耕的主要目的是防治杂草，疏松土壤。不过，精耕细作也有不少缺点，首先耕作对于动力和劳动的要求都很高，特别是在播种季节，由于大多数农

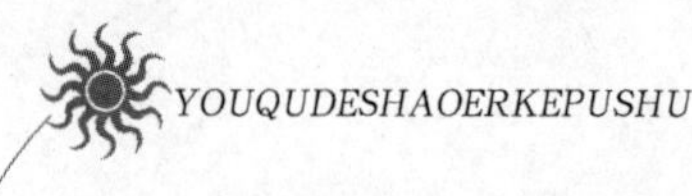

作物的最佳播种期都很短，既要精耕细作，又要及时播种，往往很难两全其美。

其次，翻耕之后，由于土壤疏松，会增加遭受侵蚀的程度。

据测定，在略有坡度的土地中，翻耕比起免耕来，水土流失竟要增加很多倍。你瞧，这是多么大的损失啊。不难看出，对于地形起伏、排水性能又较好的田片，免耕的好处更加明显。

再说，植株残茬覆盖的田地，比起光秃秃的土壤来，水的流失和蒸发都比较少，这对作物生长是有利的。

免耕方式的主要优点是能降低农业劳动成本和减轻水土流失。在使用除草剂的情况下，完全可以控制杂草的生长，少耕或免耕技术就有了发展的可能。

在美国，用免耕法播种玉米是这样的：

首先，在田地喷洒除草剂，杀死一切正在生长的植物，并抑制土壤中未发芽的杂草种子的萌发。其次是施肥。再次，用飞机播下种子并覆盖起来。这样，除了一

条播种机开的 5 ~ 8 厘米宽的土壤带外，其余土壤都保持原封不动，并且在收获之前一般不需要任何作业，因而比起过去的耕作方法工作效率至少可以提高 3 倍以上。

我国南方的连作晚稻以及冬种大小麦，近年来广泛推广了免耕技术，得到农民普遍欢迎和认可。

当然，免耕法也有一定的缺点。如土壤黏重、排水不良的地方，如果长期不翻耕，将会因透气状况不良，而影响作物的正常生长。同时，病虫害、鼠害也往往因作物残茬的掩护而增加危害程度。这些都需要研究解决。

不过，从发展趋势来看，少耕或免耕是一种很有前途的耕作方法，也是对传统耕作的一种挑战。

二、新奇的肥料

大家都知道，植物生长的主要元素是氮、磷、钾，其次，还要配合一些其他元素。这样，植物才能吃饱喝足，茁壮成长。然而，随着现代科学技术的发展，人们发现，另外一些条件也能促进植物的生长，这里，我们不妨暂且把这些促进植物生长的外来条件称为植物进餐的新“佐料”。

有色“被子”

有人预见，未来的农业是彩色的农业。化学工业的迅猛发展，塑料薄膜的出现，使为农作物盖上“被子”成为可能。科学家发现，在自然界里，给一些作物盖上有色“被子”，将直接促进它们的生长。

番薯喜暖怕寒，美国科学家把它带到严寒的北方种植，在苗床支架上盖上黑色地膜，番薯便生长得出奇得好。原来黑色地膜能起到提高土温、消除杂草的作用。

樱桃、苹果和桃李等果树，生性喜光，如在冬季给它盖上银灰色薄膜，能协调果园土壤、水、肥、气、热的关系，促进枝叶早发，提高产量和质量。

黄瓜、茄子喜欢黄色和绿色，番茄喜欢红色，甜椒喜欢银灰色，春秋白菜和莴苣喜欢淡黑色，菠菜喜欢紫色……

不难看出，颜色对农作物的增产十分有利。

例如，用黄色薄膜罩在茶树上，茶叶的产量高，茶味浓。用红光照射甜瓜，不仅瓜中糖和维生素含量提高，还可以提前半个月上市。我国科技工作者用红、绿、蓝、白四种薄膜在快熟早稻上进行育秧试验，结果表明，蓝色薄膜最为理想。

当然，不同的植物，对有色的“被子”

的需求也是不同的。如果给植物盖上它不需要的“被子”，不但不能促进植物生长，反而会闷得它“喘”不过气来，适得其反。例如，用红色薄膜盖辣椒就会减产，洋葱在蓝色光下会长得又矮又小。

在植物生长的不同阶段，盖上有色薄膜，在太阳光照下因光波吸收和光能反射颜色的不同，它们的需要被满足，将长得更好。例如，棉花等作物，喜盖一般无色地膜，但秧苗喜欢蓝色，它比无色地膜育出的苗健壮，分蘖多，直接影响以后的产量。

总之，大多数作物喜欢红光和蓝紫光，对绿光很反感。因此采用彩色薄膜滤光技术，可以加强有利于作物生长的颜色，达到增产的目的。从这个角度上讲，不同色彩的薄膜也是一种“肥料”。

有色薄膜种类有很多，有各种颜色，透明、半透明、单色、双色、双面色等，可根据不同作物的生长需求，给它们盖不同的“被子”。

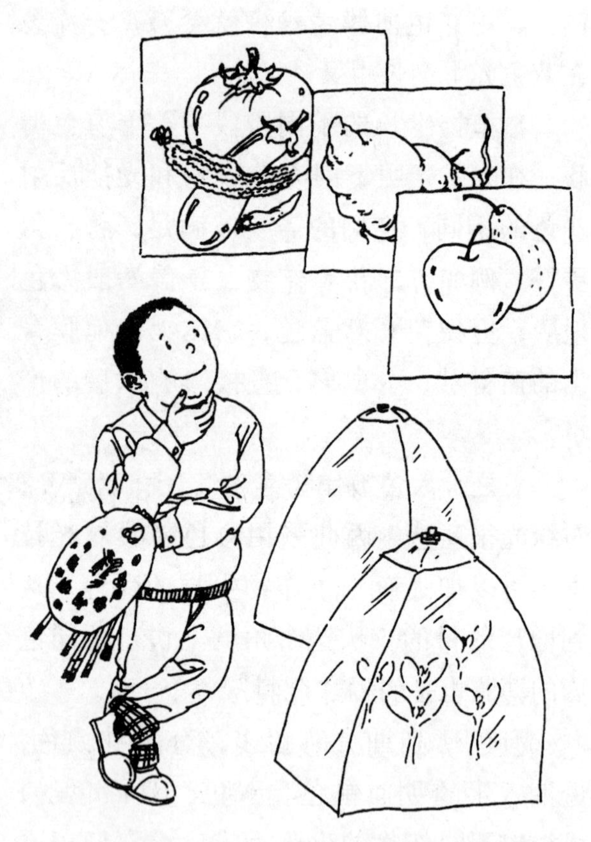

还有，废塑料薄膜经化学处理后，可加工成能被土壤微生物吸收以及作物利用的优质肥料。这种肥料虽然还处在试验阶段，但其开拓塑料肥料、变废为宝的前景非常诱人。

值得大颂一笔的是，科学家还根据农业生产的不同需要，制造出不同功用的塑料薄膜。无色透明膜是目前用得最多的一种，它透光保温，不透气，不透水，有一定的反光作用。在无色透明膜中加入化学除草剂，就变成了“除草膜”，用它覆盖田园，杂草便无法生存。银色膜的反光率更强，不仅能提高作物对光能的利用率，更有趣的是，蚜虫看到闪闪发光的银色膜便会逃之夭夭，所以有人称它为“驱虫膜”。

其实，农用薄膜家族出现了不少新秀：抑制杂草生长的“绿色膜”，能增加光效的“荧光膜”，到期分解的“毁坏膜”，只透光不透水的“通气膜”，消灭土壤病害的“杀菌膜”，保温特别好的“防严膜”，以及各种各样的专用膜。人们把它们在不同地区、不同作物上使用，都能获得良好的经济效益。

音乐催生长

音乐，似乎与植物的生长是风马牛不相及的。怎么能把它们扯到一块儿呢？这的确令人奇怪。

要回答这个问题，我们不妨从十几年前的一个奇怪现象说起吧！

在外国一个声学研究所实验室的周围，人们发现一个奇特的现象：周围的花园里，花卉长得特别快；附近的农田里，萝卜、甘薯也长得快，长得大。

这种现象似乎告诉人们，音乐对植物生长的速度有影响。这一现象公布后，立即引起了人们的极大兴趣，人们纷纷对植物进行音乐试验。

美国女大学生维多娜克，用各种音乐对植物进行了试验。她将种子种在装着同样的土壤的小盆里，然后再移植到温室内。品种都是一些花卉和蔬菜，把这些花卉和蔬菜分成5组，分别种在5间温室里，每天浇同样多的水，保持一样的光照、温度和通风。在4间温室里各安装有一个高音喇叭，通过它向温室里的植物播放音乐，而另一间温室没有喇叭。

维多娜克最先用钢琴曲对2间温室的植物进行试验。她长时间地给一间温室的植物演奏钢琴。她发现这些植物慢慢地转过身去背向着高音喇叭，然后慢慢地枯萎，3个星期后这些植物都死了。另一间温室的植物由于短时间地“聆听”演奏，仍然长势良好。

在第二个试验中维多娜克给植物播放电台的音乐。一间温室播放摇滚乐，另一间温室播放轻音乐和圣歌。听摇滚乐的那一间温室的植物长得非常缓慢，也不开花，1个月以后所有植物全都死了；而定时播放轻音乐的那一间温室的植物却根深叶茂；另一间温室没有听任何音乐的植物则长得

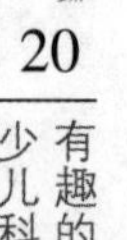

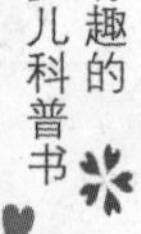

枝弱叶稀。

法国也有一位园艺家，把一个耳机套到一个番茄上，每天播放爵士音乐 3 个小时，结果长出 2 千克重的“番茄王”。

为了证实植物对音乐的“感觉”，科学工作者又进行了对比试验，每天早晨给一组受试黑藻定时播放优美的“小夜曲”，让另一组定时“听”刺耳的喧哗声，结果听音乐的那组长得好，而另一组长得很差。

科学工作者发现，不同的植物有不同的音乐“爱好”。黄瓜、南瓜喜欢箫声；番茄偏爱浪漫曲；橡胶树喜欢风琴音乐，但不喜欢交响乐。

科学家们还发现，当蔬菜听到音乐时，菜叶表面的气孔有扩大的迹象。

现在很多蔬菜都是在温室中栽培的，而温室中保持良好的通风，是一个很重要的问题。能不能通过用叶面气孔扩大的办法，促进植物的呼吸和光合作用，加速它们的生长速度呢？日本先锋公司的科学家们根据这个想法，在无土栽培温室中放置

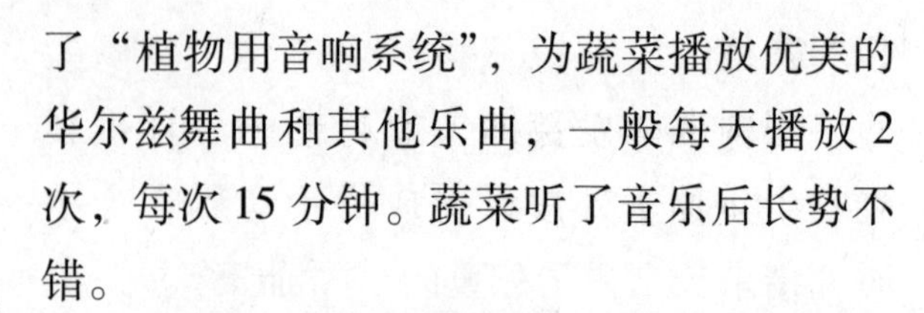

了“植物用音响系统”，为蔬菜播放优美的华尔兹舞曲和其他乐曲，一般每天播放 2 次，每次 15 分钟。蔬菜听了音乐后长势不错。

法国的一个科研中心进行超声波栽培试验，以了解超声波对植物生长的作用。试验表明，利用超声波栽培，可以使一些植物的生长速度增加 1 倍以上；而一旦超声波停止发射，植物又按原来的速度生长。如：超声波试验园培植的甘薯、萝卜，比一般菜园里的要大 1 倍；培植的蘑菇像雨伞般大；番茄重 2 千克；卷心菜重 6 千克多。

同时，科技人员还发现，利用超声波栽培，还能使一些作物的生长不受季节的影响。

超声波为什么会促进植物生长呢？

科学家们认为，超声波中蕴藏着能量，它作用于植物的叶、茎、花、果后，被表面气孔所吸收，可以刺激植物细胞生长，并为植物生长提供能量。

美国一位教授认为：超声波之所以能使植物种子早发芽，是因为超声波会刺激种子，使种子外皮软化，种子幼芽容易冲破外皮。

科学家还认为：不同频率的超声波，对植物生长有着不同作用。频率过高，超声波不仅不能促进植物生长，而且反而会使作物萎谢，因为过大的能量会破坏植物细胞。频率过低，超声波的作用也不大。

现在，科学家们正在努力研究植物“听”音乐的奥妙，让音乐更好地为农作物丰收服务。

气体肥料

人们发现这样一个有趣的现象：饭店里的厨师发胖的多。究其原因，这种现象与长年累月闻吸大量的食物的气味有着直接的关系。

那么，植物有没有这种特性呢？

科学家们发现，在一定的范围内，二氧化碳浓度提高，叶子光合作用就会加强。

实验证明，白昼温度如保持在 19 ℃上下，而水分和其他矿物肥料供应充分，使二氧化碳的浓度增加到自然界二氧化碳浓度的2 倍的话，那么，就会明显加快植物的生长，效果十分明显。例如，可使莴苣长得根粗叶肥；菊花植株健壮，花朵硕大；而西红柿则枝叶繁茂，果实累累，产量能提高 16% ~38% 。如果在温室中，将空气中的二氧化碳浓度提高 7 倍，水稻产量竟会出现增加 1 倍的奇迹。

美国科学家在新泽西州的一家农场做了一次颇为有趣的试验：即在农作物生长发育的旺盛期，每周施放 1 ~2 次植物最爱吸收的二氧化碳。试验结果表明，仅喷过 4 ~5次，农作物便普遍增产。其中，水稻增产 70% ，高粱增产 20% ，大豆增产 60% ，甜菜增产 50% ，一般蔬菜增产 90% 。可见，增产效果十分喜人。

正因为如此，科学家把二氧化碳称为

“气体肥料”，说明二氧化碳浓度与农作物增产的关系。

美国在大型温室种植豆科植物，从收获的豆类中提取高蛋白，余下的残渣作为发电燃料，在发电中产生的二氧化碳再充入温室做气体肥料，形成一个闭合式循环的栽培温室。

美国加州圣塔巴巴拉一位名叫尼尔逊的月季花经营商，从二氧化碳中获益匪浅。他每天早晨定时向温室增施二氧化碳肥，结果发现月季花在 1000 ~ 1100ppm 二氧化碳浓度下生活良好，枝叶茂盛，茎粗秆壮，在市场上成为抢手货。

以种植黄瓜和番茄为生的俄亥俄州的哈德，对高浓度二氧化碳简直着了谜，除了多云天气外，他种植成功的最大诀窍是增施二氧化碳肥，温室中的二氧化碳浓度始终保持在 600ppm 以上。

值得提及的是，我国温棚气肥增产技术 1997 年上半年在青海高原试验获得成功。据测定，早晨在温棚中释放 3 ~ 4 分钟

二氧化碳，蔬菜可平均增产30%。温棚气肥增产技术是国家推荐的项目，但在高寒的青海高原试验还是第一次。

据专家们介绍，植物在生长期，需要大量的二氧化碳进行光合作用，放出氧气。每天早晨，经过一夜的消耗，温棚中二氧化碳所剩无几，而这时正是植物生长最快的时候。据测定，温棚中早晨时二氧化碳的适宜浓度为1200ppm。在太阳刚刚升起时，在温棚中释放3~4分钟的二氧化碳，蔬菜可以增产18%~60%，平均增产30%，生长期可从120天延长到170天。

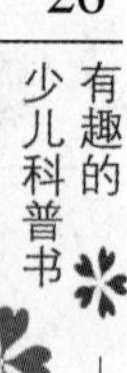

用了气肥后，蔬菜的病虫害明显减少，也有利于节省农药、化肥的开支。农药、化肥用得少，蔬菜的口感就好，而且果实大、外形整齐，深得人们的青睐。

当然，目前气体肥料还没有成为大田肥料，还存在一些问题需要解决，比如因为二氧化碳在空气中易散失，所以，在大田中进行气体追肥还有一定困难。相对而言，在温室中施气体肥料就较为容易。再者，人们还不知道每种植物究竟吸收多少二氧化碳气体才是最佳值。

不过，随着农业科技的日益发展，科学家认为，二氧化碳肥料是最有希望进入农田的气体肥料。

同时，科学家还发现，天然气也能做肥料。渗透天然气的土壤，其地表的庄稼长得格外茂盛。这是因为天然气主要由适宜微生物繁殖的甲烷等组成，这些微生物本身就有促进植物吸收土壤中矿物质的作用。

电场肥料

电，已深入到了人类生活的各个领域，没有电的世界，简直是不可思议的。

电，作为肥料可是新鲜事。那么，这是怎么回事呢？

电，之所以能够作为肥料，这要从生物体的单个细胞说起。

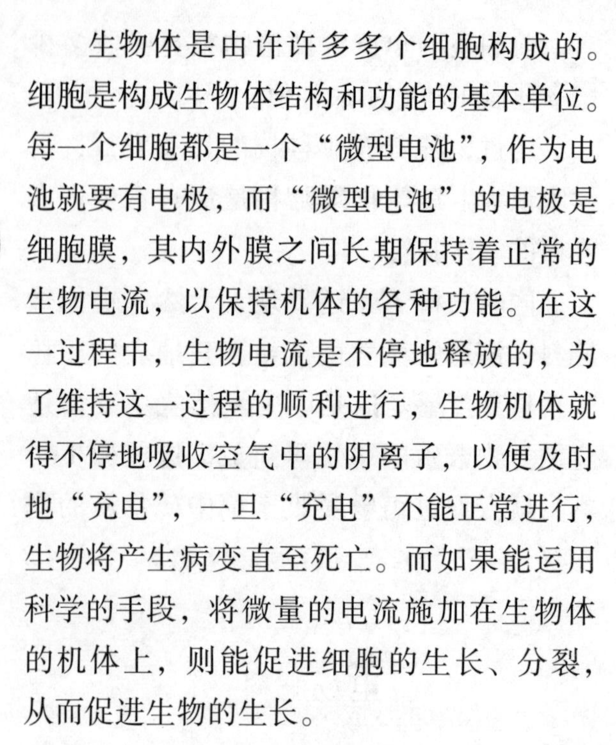

生物体是由许许多多个细胞构成的。细胞是构成生物体结构和功能的基本单位。每一个细胞都是一个“微型电池”，作为电池就要有电极，而“微型电池”的电极是细胞膜，其内外膜之间长期保持着正常的生物电流，以保持机体的各种功能。在这一过程中，生物电流是不停地释放的，为了维持这一过程的顺利进行，生物机体就得不停地吸收空气中的阴离子，以便及时地“充电”，一旦“充电”不能正常进行，生物将产生病变直至死亡。而如果能运用科学的手段，将微量的电流施加在生物体的机体上，则能促进细胞的生长、分裂，从而促进生物的生长。

一言以蔽之，适当的电流刺激，可促进植物新陈代谢，增加光合作用。

美国一位植物生理学家运用这一原理，对烟草的细胞团施加电压，10 天后发现其繁殖速度加快。将同一原理施用于蔬菜，结果蔬菜的生长周期缩短了一半，产量增加了 3 ~ 6 倍。

前苏联科学家的试验结果是：给菊科植物通以 18 伏的电，光合作用增加 1 倍；用 220 伏电压处理西红柿，可增产 17%，果实中维生素 C 的含量增加了 7%，糖增加了 1.2%；燕麦充电可增产 40%；黄瓜充电可增产 1 ~ 3 倍。

日本一位科学家研究发现，植物根部表面存在着规则的电流模型，此电流以氢离子为传导体。他在测量红豆根部表面的电势时，发现离根尖 6 ~ 7 毫米处有峰电位存在，他认为，当糖降酶活性在 6 ~ 8 毫米处达到最大值时，氢离子浓度也有相应的变化情况。基于这种观察，他得出结论，电流在根表面形成后，从根部峰区流动，然后进入离根尖 2 ~ 3 毫米的新根系延伸区，而该电流对红豆根系的延伸起着关键作用。对植物施加电流，便会促进新根系延伸区的生长。

目前，由于在细胞正常电流的测定和人工电流强度的控制上还存在着一些关键性的难题，所以电场肥料在当前相当长一段时间内还难以大面积应用，但其前景却非常诱人。

磁性肥料

提到磁性，大家都很明白是怎么回事。磁石、磁铁谁没玩过？它们都有磁性，而且两端的磁性都很强；通电线圈即电磁铁也有磁性，断电后磁性消失。

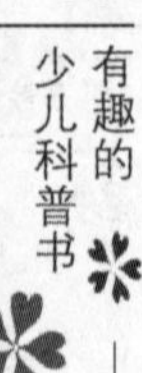

物理学家告诉我们：电和磁是一对不可分离的“孪生兄弟”，电能产生磁，磁也能产生电，这是很普遍的物理现象。

电，我们已经知道它能作为肥料，那么，磁是否也能作为肥料呢？

植物学家的研究表明，与电一样，给植物外加一定强度的磁场，也能促进植物的生长速度。

科学家研究发现，使用磁化器处理过的水，能够促进农作物的生长，提高产量。经过磁化处理的种子发芽早，发芽率高，苗势壮，光合作用和吸收肥料的能力增强，一般可以较大幅度地增产。日本用比地磁大1万倍的磁场或电磁场处理菜豆种子，成熟期比没有经过磁化的种子提前了12天。

水，用磁场处理便可以得到磁化水，用它来灌溉农作物和蔬菜，也可使其增产。

美国曾经用磁场对灌溉水进行磁化处理，然后用这些进行磁化处理过的水灌溉水稻、小麦、玉米等农作物，结果表明，与未灌溉磁化水的水稻、小麦、玉米相比，产量明显提高。

华南农学院用850高斯的磁化水灌溉番茄，产量增加10%以上。

有人或许又会提出这样一个问题：磁化水怎么会使农作物高产呢?

科学家们发现，经过磁化的水，引起了水的性质的变化，成了活性水，具有一般水所不具备的魅力，能增加矿物质的溶解度，因而使植物体内各物质的运输能力大为改观，使体内各器官能充分调动起来

高效率地工作，从而提高农作物对氮、磷、钾营养元素的吸收能力，并防止土壤板结，有利于土壤中微生物的繁殖，使农作物高产。

另外，磁化水还能降低盐碱地的含盐量，有利于农作物生长。

了解了这些，你也就明白了磁化水增产的奥秘了。

当然，与电场肥料相似，磁性肥料的研制工作也存在着磁性强度大小无法定量施放等问题。我们相信，不久的将来，这个问题会被科学家们解决。

磁性肥料，将在农业生产上大显身手，表现出与众不同的风采。

绿色肥料

人们为了提高单位面积的产量，不惜向地里倾倒大量的化肥。然而，在“吃讲科学”的今天，人们在挑选食品时，不仅要看营养成分的丰缺，而且要看食物中有无有害成分。而农产品中的有害成分往往与肥料施用密切相关。再者，长期大量施用化肥，农田的土壤结构会遭到不同程度的破坏。

施用新型的“生物活性肥”，则可以增强作物的吸收功能，减少化肥用量，从而减少作物体内的硝酸盐含量。所以人们把这种不会引起农产品污染且能保护产品的肥料，叫做“绿色肥料”。这种生物活性肥在一些发达国家异军突起，发展极快。

活性肥中含有胡敏酸等有机酸，是一种有机胶体。它能把土粒黏结起来，形成团粒结构。

团粒是土壤中的“小水库”和“小肥料库”，能显著提高土壤的保水、保肥能力，团粒与团粒之间则形成空气的“走廊”。因而施用活性肥料能提高土壤的通透性，改善土壤的化学性状和物理性状。

尤其在温室、大棚栽培作物时，施用活性肥不需要每隔几年就换一次土。由于生物活性肥具有这种改土性能，因此又可称作是“微生态肥料”。

值得大颂一笔的是，我国的医学生物学家研制成功的“黑状元”生物活性肥，即是这种微生态肥料。它含有多种氨基酸、大量活性元素和丰富的生物活性物质，能为作物提供全面而平衡的营养物质，满足农作物生长、发育对各种养分的需要。同时，能增强植物体内多种酶的活性，提高它们的新陈代谢水平。

通过对“黑状元”的试验表明：芥菜、芹菜、冬瓜、西瓜、甜瓜、花菜等均表现出早熟、高产、优质的良好肥效，受到农民的普遍欢迎。

在未来的农业生产中，绿色肥料会越来越受到人们的青睐。

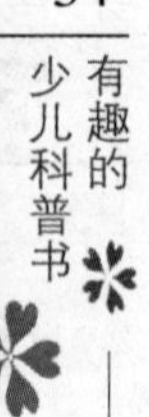

三、奇特的种子

在农业生产上，随着科学技术的迅猛发展，植物的繁殖也不一定光靠果实的种子，用无性繁殖完全可以培养出成千上万个植物“儿女”，人们还可以制造人工种子，植物的繁殖正在发生着奇妙的革命……

神奇的试验

《圣经》上记载，人类的始祖亚当是上帝按自己的样子制造的。无疑，上帝是男人。那么女人是如何产生的呢?《圣经》上又记载，耶和华让亚当沉睡，亚当就睡着了。在亚当遨游梦乡的时候，耶和华取下

他的一条肋骨，又把肉合起来。耶和华用亚当的肋骨造了一个女人，这个女人就是人类的祖母——夏娃。

若用现代生物学术语来说，耶和华用亚当的肋骨造出夏娃，是通过无性繁殖的方法繁殖的。

可见，人类很久以前就做着无性繁殖的梦。

“无性繁殖”一词来源于希腊语“克隆”。随着生物科学的发展，人们对所谓的无性繁殖即“克隆”赋予了新的含义。

克隆不仅应当没有双亲的交配过程，即不发生精子和卵子的结合，而且新的个体的产生，也不一定要有专门的细胞参加，机体的任何一部分的任何一个细胞，均可繁殖成为一个新的个体。

为了实现无性繁殖的梦想，科学家开始了他们的研究。

在实际生活中，人们会发现这样的事情：从一棵大柳树上砍下一根树枝，把它插在泥土中，略加管理，它就会向下长根，向上萌发枝叶，从而长成一颗新柳树；若将这根柳树的树枝一分为二栽下，可长成两株；分成十段栽下，可长成十株……如此分割下去会怎样呢?

还有，把一个完整的马铃薯削成许多小块，只要保持每一块都有一个芽眼，进行一定的管理，到时候能长出许多马铃薯来。

这些事实证明，植物的体细胞，能够像一颗种子那样，长成一棵完整的植株。

这些现象，启发了生物学家的探索热情，于是，科学家们便从试管生物的培植入手。

1958 年，美国科学家斯图尔德等人做了一个神奇的试验。

他的试验过程是这样的：首先把胡萝卜的根加以消毒，再用消毒过的木塞穿孔器（软木塞打孔器）将根的一部分组织取出，移入盛有培养液（液体中含有营养物质）的长颈瓶内培养。

从机体中取出细胞或组织在体外培育

称为组织培养，经过组织培养的胡萝卜根细胞在长颈瓶内逐渐增殖。增殖的细胞从原来的组织中分离出来，成为一个个单细胞团漂浮于培养液中。然后，把浮在培养液中的一个细胞移到另一个长颈瓶中去，这时，在培养液的营养成分中加入用椰子果肉制成的椰子汁。这样，细胞不仅增殖数目，还在长颈瓶内集结成块，渐渐长成植物般的样子。

接着，将它取出移植到泥土中，就长成了具备根、茎、叶的胡萝卜。

这个试验让人们看到：只要有一个完整的活细胞，就可以长出一个小“夏娃”来。

这个试验的神奇之处，是证实了植物细胞具有全能性，这为人们进行细胞培养带来了黎明的曙光。

无疑，这项胡萝卜试验具有开创之功。

试管新苗

任何一项新技术的出现，都不是一帆风顺的。植物组织培养也是这样，经过了人们几十年的探索。

那么，组织培养的发展为什么这样艰难呢？

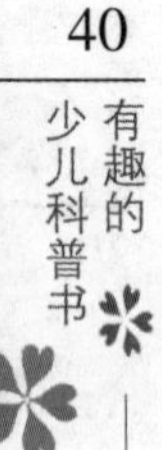

原来，进行组织培养，必须向植物组织供给理想的培养基。培养基中既要有供植物吸收的营养，又要有刺激植物生长的各种激素，这张培养基成分的配方，是成功的关键。然而，培养基的每一种成分及量的多少都是空白，需要试验探索，不断摸索认识，这就又需要一个过程。

其次，在试管中培养植物组织，必须始终保持无菌条件。否则，植物组织会死亡。

你看，组织培养的要求这样高，又没有经验可以借鉴，完全靠创新，难怪科学

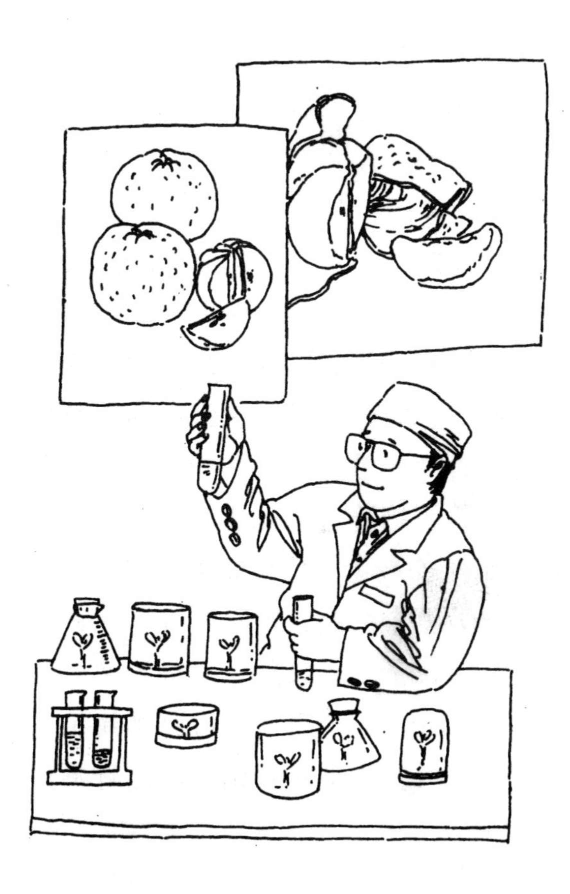

家要花费几十年的时间进行探索哩。

有些人或许要提出这样一个问题：组织培养这样难，科学家为什么要花这么大的精力去研究呢?

当然，这其中有着极其深远的意义和理由。

原来，组织培养有许多优点是种子种植无法比拟的。比方说，我们吃的柑橘，大多数都有核，只有少数几种无核。科学家通过培养试管柑橘苗，从中分出无核柑橘品种，经过推广，将来可以使所有的柑橘品种都变成无核的。

在组织培养的基础上，科学家还发展出细胞培养技术。把植物组织粉碎，就得到千千万万个细胞，把这些细胞用试管在合适的条件下培养，每一个细胞都能生长成一株幼苗。这样，就能大大加快植物繁殖的速度。尤其是对珍稀植物品种的繁殖更为重要。

你瞧，这是一项多么充满诱惑力的技术啊!

细胞融合创奇迹

英国的《新科学家》杂志 1983 年 4 月号，曝出了一则引人注目的新闻：英国科学家用公牛身上的细胞跟一株西红柿的体细胞杂交，形成的杂种细胞分化后，长成了一株外形很像西红柿，而结的果实却含有动物性蛋白，并有牛肉味道的植物。他们称这种特殊的西红柿为“牛柿”，意思是用公牛细胞与西红柿细胞杂交而成的。

后来，人们知道这则新闻是不真实的。

原来，英国每年的 4 月 1 日是“愚人节”，在这个节日里可跟任何人开玩笑而不受指责，而这家杂志社借此机会跟读者开了一个不小的玩笑。

不过，这个玩笑也道出了人们对两个亲缘关系较远的细胞融合的期望。

当然，科学家们对细胞融合技术也进行了孜孜矻矻的探索。

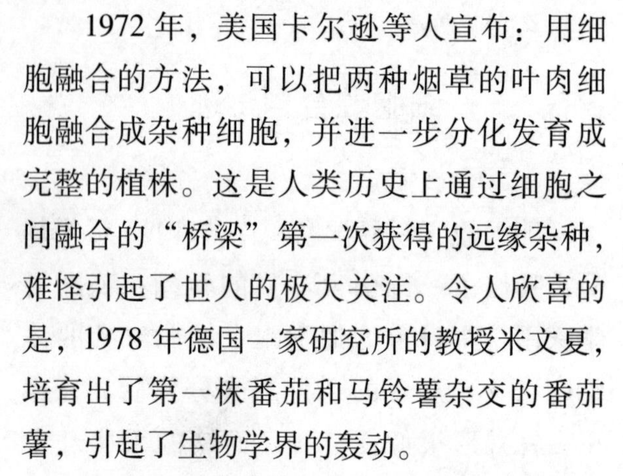

1972 年，美国卡尔逊等人宣布：用细胞融合的方法，可以把两种烟草的叶肉细胞融合成杂种细胞，并进一步分化发育成完整的植株。这是人类历史上通过细胞之间融合的“桥梁”第一次获得的远缘杂种，难怪引起了世人的极大关注。令人欣喜的是，1978 年德国一家研究所的教授米文夏，培育出了第一株番茄和马铃薯杂交的番茄薯，引起了生物学界的轰动。

你对这种别具一格的番茄薯可能很感兴趣吧！要知道这种植物的“身世”，我们有必要了解一番细胞融合到底是怎么一回事。

简单地说，细胞融合就是将远缘的两种完全不同生物的体细胞，如番茄和马铃薯这样两种植物的细胞体，采用一定的技术将细胞壁溶解掉，使细胞的原生质体游离，用人工方法使其靠拢，产生融合，即细胞核和染色体相互融合。将融合体进行人工培育，就可培育出无性的杂交新品种。国外还试用这种技术使瓜蔓上结出茄子，无疑又是一次科学技术的壮举。

番茄薯的培植成功，极大地震动了世界各国的农艺师和园艺师们，他们对这种用细胞融合技术产生的新杂交品种产生了浓厚的兴趣。像番茄薯这种植物能充分利用土地空间，提高单位面积产量，增加经济效益，太合乎人们需要了。因此，研究细胞融合技术的人越来越多，到目前为止，已有 40 多种新的杂种植物被培育出来。

可惜的是，米文夏教授培育的番茄薯新品种不结种子，根系也不够粗，它只能说明细胞融合技术能创造新品种，却不能用新的品种繁殖后代。然而，这个例子却表明，体细胞杂交产生新物种是完全有根据的。

当然，细胞融合技术要解决的关键问题，是细胞之间的排异性。米文夏培育的番茄薯已是了不起的奇迹，给细胞融合技术的发展带来了黎明的曙光。

20 世纪 80 年代，日本科学家用甘蓝和白菜细胞融合育成的杂种“千宝菜”已实

际投入生产，并在市场上销售。这种新兴蔬菜生长期短，种植35天就可以收获，而且具有耐热性强、好存放的优点。

日本一位研究人员山口淳子在1989年5月召开的日本育种学会上宣布，他将甜瓜和南瓜进行细胞融合，不仅获得了完整的植株，还采收到了果实。

甜瓜、南瓜虽都属葫芦科，却不是同种同属。通过细胞融合技术，山口淳子首次跨越种属差异，育成了甜瓜杂交南瓜的细胞融合植株。经过对所培植的3个植株进行染色体结构分析，随着融合杂种植株的生长，南瓜的染色体脱落，出现了很强的甜瓜性状，其外观、果实颜色和滋味都和甜瓜一模一样，但发现所收获的种子发芽后残留有南瓜染色体的物质。山口淳子想继续从事这一研究，从中筛选出具有南瓜抗寒和抗虫等特性的甜瓜品种来。

当然，人类要使细胞融合技术发展得更加完美，使之为人类创造更多的财富，还需要在探索的道路上继续艰难地跋涉。

不过，由于体细胞融合（杂交）不受血缘远近的限制，杂交范围又能大大拓宽，所以有人设想，今后可以试验把豆科作物的固氮能力通过体细胞融合，合并到禾谷类作物上来。如果能够成功的话，那么就像每一株作物都建立起一座小小的化肥厂那样，不论在减轻能源消耗、防止环境污染方面，还是在经济效益等方面，都有着无法估量的价值。

人们相信，通过细胞融合技术，一定能创造出巧夺天工的人间奇迹来！

人工种子

人工种子，显然和普通种子不同，主要区别在于它离不开人的因素。

人工种子，是利用组织培养方法，从植物的茎或叶等器官诱导产生胚状体或芽，外面包以胶囊，使之具有种子的功能，而直接用于播种的“种子”。

具体来说，人工种子由三部分组成。最外层为人工种皮，具有通气，保护水分、养分，防止外部机械冲击的性能。中间为人工胚乳，含有胚状体发育所需要的营养物质和其他有益的成分。最内侧为被包裹的胚状体或芽，从大小结构上看，人工种子就像一颗颗圆形、半透明的鱼卵。

人工种子说起来容易，做起来难。它是现代科学技术发展的产物。

这里，我们不妨先从生产杂种芥菜的胶丸种子说起吧！

首先，科学家把杂种芥菜幼苗的嫩茎切割成小片，在无菌条件下接种在培养基上，诱导形成淡黄色的像菜花形状的愈伤组织。

其次，再把愈伤组织转移到另一种培养基上，细胞开始分化，在愈伤组织表面形成大量的绿色元宝形的结构，这就是“胚状体”，也叫“体细胞胚”。

这样，原来一株杂种芥菜苗，通过这个方法就可以得到几百万个胚状体，每个

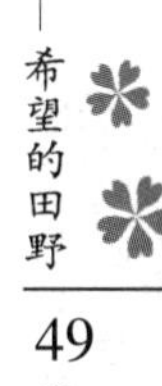

胚状体相当于一粒杂种种子，在实验室条件下，就可以长成一棵杂种芥菜苗。

不过，要把它们播种在土壤中，它们就会死掉。原来，和自然结实的种子相比，它们缺少了一层保护作用的种皮。

那么，给它们包上一层种皮不就解决问题了吗？

其实，问题并不像我们想象的那样简单。

科学家们为了解决这个问题，动了不少脑筋，并进行了大量试验，终于制成了人工种皮。

然而，这些胶丸种子本身也找麻烦，常常像受热的鱼肝油丸一样粘在一起，给播种带来了困难。

于是，科学家又想了一个办法，让每粒胶丸种子穿上一层聚合物制作的“外衣”，解决了播种粘在一起的麻烦。而且，这些种子的“外衣”有个特点，一到土里这层外罩就可以通过生物的降解作用而自动脱掉。

生产人工种子的公司，还把微量的化学除草剂等加到胶丸里，这样一来，人工种子不仅和天然种子相似，而且还具备了一些天然种子所没有的优点。

人工种子的概念最早出现在1978年。

1983年，美国的植物遗传育种公司，申请关于制造人工种子的专利，震动了全球。

日本的一家公司捷足先登，立即与其合资，进行人工种子的技术开发。

现在美、法、日等国，均在开展此项研究。在欧洲“尤里卡”计划中，人工种子也占有显著地位。

到目前为止，已有100多种植物能成功地诱导形成胚状体而产生人工种子。

我国在“七五”计划期间，也开始了人工种子的研究工作，并在胡萝卜、芹菜、黄连、橡胶等十几种植物上，进行了体细胞胚胎发生及人工种子的研制，取得较大的进展。其中，胡萝卜、芹菜、黄连的人工种子，在有菌条件下也可萌发并长成植

株。

值得大颂一笔的是，我国复旦大学人工种子研制科研组于1987年底研制成功水稻等人工种子，属世界首创。

人工种子，作为一项新的生物技术，是育种和增殖系统的一次大变革，也是育种技术体系中的一次大突破。人工种子比自然种子具有许多优点：

一是，通过组织培养能产生出很多的胚状体，如用液体培养方法可以在1升培养基中产生10万个胚状体，制成10万粒“种子”。这种方法产生的胚状体数量多，繁殖快，用于快速繁育苗木、人工造林等方面，比用试管苗繁殖更能降低成本，节省劳动力。这的确是多快好省的绝妙之法。

二是，在人工种子制作过程中，可人为地向人工胚乳加入植物生长调节剂和抗虫、抗病药剂，从而增加植物体的活力，这真是一举多得啊！

三是，胚状体是由无性繁殖体系产生的，因而可用来固定杂种优势，加速良种繁育的进程。

四是，利用胚状体的发生途径，还可以进行基因转导，以作为植物基因工程和遗传工程的桥梁。

人们相信，人工种子是现代生物技术崛起进程中用于植物繁殖的一项高技术产品。无疑，它会随着时间的延续而得以迅速发展和推广。

四、为庄稼驱灾治病

人会生病，动物会生病，植物也会生病。

植物的病虫害，给农业生产带来了严重的损失。当然，面对植物的病虫害，人类是决不会让其任意肆虐的。为了保护农业的丰收，植物医生——从事植物保护工作的科技人员，在绿色田野上积极地开展了庄稼的驱病除灾工作。在科技人员的辛勤努力下，替庄稼驱病除灾的新技术、新方法如雨后春笋般地涌现出来……

死虫治活虫

死虫能治活虫？真是一件不可思议的事情。

前几年，我国杭州市郊出现了一种害虫防治新方法：将植株上僵死的青虫收集起来，加水捣烂，再喷到叶片上去，于是，正在猖狂蚕食叶片的害虫翘起了头，渐渐不食不动，呜呼哀哉，成为僵尸。

这件事引起了人们极大的兴趣，这一独特的生物农药在农村很快被推广。

这一“用死虫治活虫”的新技术，蕴含着什么道理呢?

原来，在死去的害虫体内充满了病毒，这样，喷洒死虫的浆汁，无疑就等于给害虫撒布了“瘟疫”，所以能取得高效的杀虫效果。

20 世纪 60 年代开始，世界各国竞相开发利用害虫的天敌微生物防治虫害的新技术。到目前为止，用于防治蔬菜害虫的“青虫菌”，用于防治松林害虫的“多角体病毒”，用于防治棉花红铃虫的“七二一六杀虫菌”，以及白僵菌、黄僵菌、红僵菌、苏云杆菌等，均已相继问世，打开了害虫防治的新局面。

不过，收集自然界的虫尸制作生物农药，难免存在着药源不足、收集困难、费力大等一系列问题。

为此，美国、日本、俄罗斯等经济发达国家另辟蹊径，率先开办“养虫工厂”，通过人工接种，有计划地培养“药源虫尸”。同时，通过毒理研究，从天敌微生物体内提取杀虫物质，制成生物农药，或模拟杀虫物质的分子结构，加以人工合成。这一系列研究的成功，更使生物农药的发展如虎添翼，突飞猛进。

如今，随着生物工程技术的发展，国内外的科学家又投入新的战斗，设法把天敌微生物体内产生毒素的基因直接移植到农作物体内，通过这条途径，培育抗虫作物新品种。

给庄稼接种卡介苗

接种疫苗，预防人类疾病，早已成为

常识。

农业科学工作者由此受到启发，借用这种方法来防治农作物的“癌症”——病毒病。

科学家们发现，当植物被一种病毒感染后，就不容易再被同一病毒的另一种株系感染了。这就是弱毒保护现象。

这样，把削弱了毒性的病毒接种到绿色植物体内，激活植物的抗病功能，增强其免疫能力，以达到防治病毒的目的，这就是“庄稼接种卡介苗”的基本原理。

人们从 20 世纪 60 年代起，开始给番茄、辣椒“种痘”，来防治蔬菜病毒病。

不过，“卡介苗”是经过处理的致病力弱的病毒制剂。我国采用亚硝酸处理烟草花叶病毒的番茄株系，使其发生变异，成为不在番茄、辣椒上引起病症的弱毒株。这种病毒制剂可以作为“疫苗”，加适量的水稀释，放入金刚砂之后，用喷雾器进行喷洒，这种“疫苗”便可进入植物体内。经过接种的番茄，可免受毒性强的烟草花

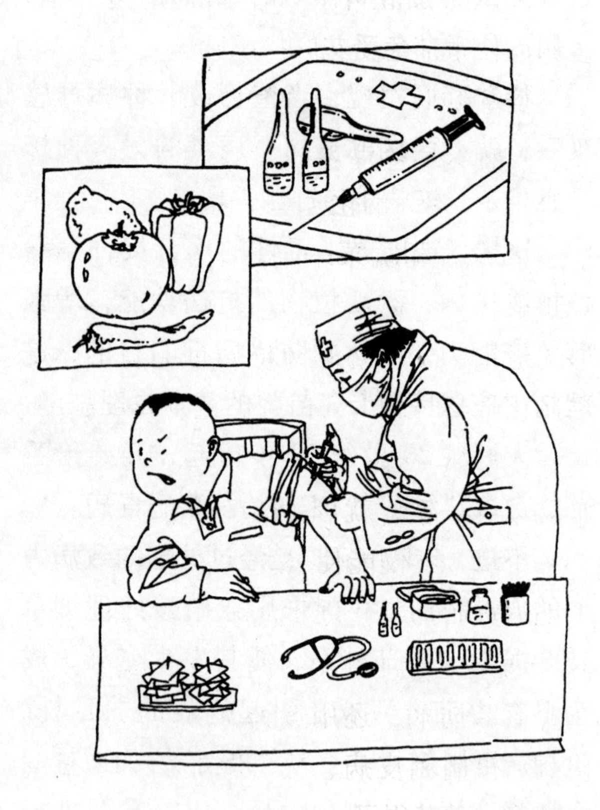

叶病毒的感染，增产11% ~45%。

当然，一种植物疫苗，只能预防一种病害。从番茄花叶病株上制备的卡介苗，也只能使番茄免受花叶病的感染。

前苏联科学院巴赫生物化学研究所，从马铃薯疫苗的病原体中已获得一种名为“LKP综合体”的化合物。该物质已在白俄罗斯马铃薯和蔬菜果类种植所试验多年，获得成功。

通常，马铃薯遭到疫病时，是靠多次喷洒化学药剂来杀灭病菌和控制其蔓延的。现在，只需在播种前将种薯用“LKP综合体”处理一次，就可预防疫病的发生。这种新疫苗，不仅能使马铃薯增强抵抗病毒的能力，而且还有助于提高马铃薯的产量。

现在，人们不仅给番茄、辣椒“接种卡介苗”防病，还用这种方法防治柑橘衰退病、柑橘剥皮病、可可肿枝病、苹果花叶病等，并获得了一定的成效。

近几年来，科学工作者又利用接种卡介苗的原理，防治苹果炭疽病获得成功。

方法就是将一种同苹果炭疽病相似的益菌先接种到苹果上，使其侵入苹果，但不使苹果发生炭疽病，而使苹果产生抵抗力。当真正的苹果炭疽病再侵染这些苹果时，危害就不大了，苹果甚至不发病。这样，苹果就获得了对苹果炭疽病的免疫力，这样的免疫力当年有效。

科技工作者对给植物接种卡介苗寄予了厚望。如果能把这种方法广泛应用于农作物病虫害防治上，将使农作物更加“健康”，大大提高单位面积产量，同时又可减轻喷施农药而造成的环境污染，前景的确诱人。

性信息素显神威

20 世纪 30 年代，德国科学家布特南特发现，昆虫体内存在一种性信息素。他从 50 万只雌娥体内分离出了几毫克的性信息化学物质，把这些物质释放到空气中，结果方圆几千米内的雄虫都成群结队地飞来寻找雌虫婚配。

原来，昆虫性信息素（又称性引诱剂）的威力很大，只要有几微克（1 克 = 100 万微克）剂量的雌性信息素，就可以引诱方圆几千米内的雄性昆虫。而静止的雄虫，一旦嗅到雌信息素，就会立即显得局促不安，头上的嗅觉器官——触角，就会像“雷达”的天线那样不停地转动，寻找性信息素的发源地。

这一新的发现，立即引起了世界各国科学家的重视。许多科学家反复研究试验，证明确实可以用这种雌性信息物质来引诱雄性害虫，待到害虫集聚到一起后，就可以轻易地将它们围歼。

美国不仅在本国的棉田，还在墨西哥、巴西、东南亚等大面积的棉田内，施放雌性棉红铃虫信息素，引诱到了大量的雄性棉红铃虫，收到了良好的效果。我国科学家也曾在6000 亩棉田进行大面积试验，结果诱杀了大量的雄性红铃虫。这样，雌虫

找不到雄虫婚配，就成了名副其实的“老处女”，后代当然也就大量减少，于是，棉花受害率下降了，产量得到了大幅度提高。

1971年，在英国的英格兰地区，大批树林遭到舞毒娥侵袭，树叶被扫荡一空，树林变成了秃林。由于性信息素的发现和使用，当地人们仅仅把10亿分之一克微小剂量的雌性舞毒娥性信息素放在搜捕装置中，就将方圆3千米内的雄舞毒蛾招引来一齐消灭掉。

我国用性引诱剂防治“三北”防护林白杨透翅蛾，防治效果可达65%～86%，推广面积已达200多万亩。对果树、棉花、水稻、蔬菜和其他林木的多种害虫的防治，也取得显著成效。特别是在防治棉铃虫、梨小食心虫、苹果蠹蛾和舞毒娥等方面，收效显著。

科学家还发现，一张吸附着雌性信息素的滤纸，对几千米内的雄虫同样有诱惑力。

美国生产了一种塑料做的纤维线，它

像头发丝那么细，一端开口，一端封口，里面装上 100～200 微克信息素物质，然后，将纤维线混合在黏胶里，从空中喷洒在植物的枝叶上，纤维线就牢牢地黏附在枝叶上，像一只假雌虫，用极缓慢的方式释放性信息素，不断地召唤雄虫来“赴约”。结果，雄虫找到的绝大部分是假“对象”，而真正的雌虫因为不能获得交配而减少了繁殖机会，或遇上农药被消灭，从而达到减少和消灭害虫、保护农作物的目的。

现在，利用昆虫性信息物质，成了一种有效的灭虫手段。至今已确定了 200 多种雌性和 60 多种雄性信息的化学物质，其中有 30 多种已经能够用人工合成方法大量生产。这就为进一步防治害虫、促进农业发展提供了条件。

值得提及的是，生物农药与化学农药相比，生物农药具有无与伦比的新特点：

首先，具有专一攻击对象，不会误伤其他益虫，更不会危及人类、鸟兽和禽畜安全，也不会破坏自然界的生态平衡。

其次，不会使害虫产生抗药性。

再次，用量少，效益高，具有事半功倍之效。

还有，更不会污染土地、河流及大气，是一种真正的无公害农药。

对此，专家们预料，性引诱剂捕杀害虫技术、“病毒疫苗”应用技术、无敌微生物等，将在近几年得到普遍应用和推广，成为消灭害虫的主要手段。到那时，人类将不再担忧化学农药带来“寂静的春天”，也不再担忧农药残毒危及人类的长寿和健康。

培养植物新品种灭虫

大家知道，马铃薯块茎表面是光滑的，没有茸毛，其茸毛仅生长在易遭害虫侵袭的叶子和茎部，且没有杀灭害虫的性能。为此，农民常常在马铃薯上喷施比其他农作物较多的杀虫剂，以保护马铃薯。

怎样抵御马铃薯害虫的侵害？科学家

们在认真研究这个问题。

美国康奈尔大学生物学家罗伯特·普莱斯特德与设在秘鲁的国际马铃薯中心的研究人员合作，刻苦攻关，取得了令人欣喜的成果。

他们将本地马铃薯同秘鲁的一种不能食用的野生马铃薯杂交，成功地培育了一种整个块茎和叶子均长有茸毛的新品种。这种茸毛尖端带有黏性物质，功能非常独特，小昆虫粘上马铃薯叶子就像粘在毒蝇纸上一样，动弹不得，而后被活活饿死；甲虫及其他昆虫误食长茸毛的马铃薯茎叶后，肠胃会被黏结而致死。

比利时生物学家马克·芬蒙特教授，应用遗传工程的方法，对一种烟草基因进行改造，使这种烟草的叶子能不断分泌出一种对人畜无害，但却能杀死多种农业害虫的天然杀虫液。将这种烟草种在田地周围，其液体不断分泌挥发，一株烟草可杀死、消灭60平方米内的害虫。

美国的科学家把苏云金杆菌的基因拼

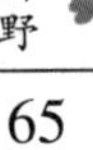

接在一种玉米寄生植物上，并在加压容器内将这种植物“疫苗”渗入玉米种子内。经处理的种子播种生根后，不断在玉米体内产生驱避玉米螟的毒物，从而使玉米免受虫害。

总之，人们对培养新品种作物灭虫寄予了厚望。

无形的灭菌除草剂

用超频电流处理种子，是近年来国内外推广的一种种子消毒措施。

当交流电通过导线时，导线周围能放射出一种能量。单位时间内交流电在导线里往返次数越多，周围放射出来的能量越大。交流电在导线里往返一次，称为“一周”，如果每秒钟超过3000万周，称为超频电流，其导线周围放射出的能量极强，有强烈的杀菌作用。人们就利用这种装置处理种子，消灭病菌。

近年来，人们发现将种子放在直流电场中进行处理，同样有明显的杀菌作用，且能增强植物对不良气候的适应力和抗病力。

国外有实验证明，用直流电场处理过的小麦种子，散黑穗病的发病率几乎等于零，产量比实验对照组增加 10%。用来处理马铃薯、甜菜、葡萄种子，均有明显的灭菌、增产效果。

用超频电场除杂草，是电为植物驱病除灾的又一贡献。

俄罗斯一家研究所，研究超高频电场电能对杂草种子的影响。

田间实验表明，在用超高频电场处理过的地段，埋在土里的大部分杂草种子被杀灭。

实验还表明，将来还可以借助超高频电场，用机器进行田间除草，以及消灭收割后栖身于土壤中的病菌和害虫。这与化学药剂相比，显示了无比的优越性，可以避免对环境的污染。

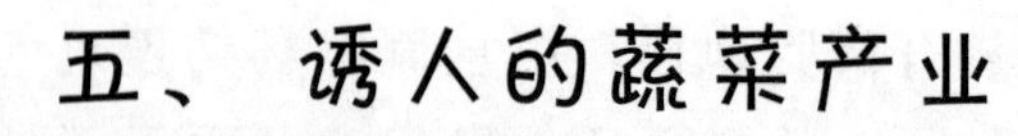

20世纪后半期，在大农业领域中，悄然崛起了一种新兴产业，这就是蔬菜产业。

新型蔬菜

科学技术的迅猛发展，为人们带来许多新型蔬菜，极大地丰富了人们的物质生活。

科技人员培育出一种强化营养蔬菜，其特点是在一种蔬菜里兼含多种其他蔬菜的营养成分。

强化营养蔬菜是选用氨基酸含量较高的蔬菜细胞进行移植或嫁接，使得接受移植的蔬菜同时含有被细胞移植蔬菜的营养成分。

到目前为止，西红柿与马铃薯的“综合体”蔬菜已经批量生产；萝卜、辣椒及芥末“综合体”也已试验成功，即将投放市场。

有趣的是，西欧一些从事蔬菜研究的专家们配合减肥热，还专门培育出了减肥蔬菜。

伦敦市场已推出一种类似韭菜的减肥蔬菜，其含热量很低，有丰富的钙和维生素 B_1、B_2 以及少量维生素 A。

减肥蔬菜，入口清香嫩脆，略带苦味。

据说，常吃减肥蔬菜，半年可减轻体重 4 ~ 8 千克，所以，减肥蔬菜深受减肥者的青睐，市场兴旺，供不应求。

培养彩色蔬菜，是当前西方科学界研究的一个热门课题。

在那里，假如有人对绿色蔬菜不感兴趣，可以买一些蓝色的马铃薯、紫色的芸豆或白色的萝卜，以调节一下自己的色彩心理。

告诉你吧，这些奇异的蔬菜是美国家庭农作物革命的部分成果。

美国安大略县的斯托克斯种子公司，推出了里红外白的新型萝卜以及只有拳头般大小的南瓜。

继而，爱达荷州的布卢姆种子公司推出了里外皆蓝的马铃薯。

美国科学家还培育出另一种马铃薯，其营养价值同普通马铃薯一样，但外观呈绿色，中间为金黄色，十分好看，具有诱发人们食欲的作用。

此外，科学家还推出了紫色的菠菜、外白内红和外黄内黑的萝卜、粉红色或大红色的菜花等彩色蔬菜，颇受人们的厚爱。

有趣的是，有人在鸡尾酒会上，用彩色蔬菜招待客人，给客人造成赏心悦目的感觉。

日本一家种子公司，开发成功一种菜心为橘红色的白菜新品种。该公司当初的目的是为了提高白菜的抗病能力，在白菜与芜菁杂交的过程中，无意中发现白菜的中心

部分长出鲜红色的菜心。该品种色、香、味俱佳，无形中提高了白菜的食用价值。

据估计，新型蔬菜将越来越受到人们的欢迎。

单性蔬菜

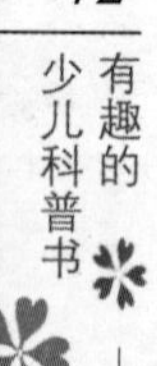

动物有雌雄之别，其肉味道的鲜美程度也有差别。

我们吃的蔬菜，也有雌雄株之分，其味道也各不相同。

譬如龙须菜，其雄株的味道更为鲜美。当然，要从它们种子的外表加以区分是困难的，只有在植株生长成熟时才能看出明显的差别。

对此，科技工作者想通过技术手段来获得一定性别的蔬菜，加以培育，就像养兔业人们想多养雌兔来增加经济效益一样。

于是，科技工作者在蔬菜性别的培育上进行了研究。

日本一家植物培育公司，通过分生组织培育法，生产出只有一种性别的蔬菜。

这种蔬菜的培养方法为：首先选出良种放入试管中，再加入必需的营养物质。等到种子发芽后，在显微镜下切取0.2毫米的分生组织，因分生组织是植物的生长细胞，因此，加营养物质后就会发芽，发芽后还可再切下数十片分生组织重新发芽。如此周而复始，便可将大批长出根的分生组织移植到暖房种植。

同时，为了防止变种，每个种子只分3000~5000个切片。用这种方法生产出来的蔬菜具有无菌、新鲜及成熟期短的特点。

无疑，这是现代科技在蔬菜生产上给人类带来的恩惠。

蔬菜工厂

人们常说："鱼儿离不开水，庄稼离不开土。"然而，在现代化的蔬菜工厂里，却

看不见一点土，只见机器缓缓地转动着一条特殊的传送带，传送带上长着正在扎根长叶的蔬菜。

奇怪，没有土壤，蔬菜怎么能生长呢？

原来，蔬菜工厂的传送带上放着“培养盘”，蔬菜种子在培养盘中发芽长根，固定植物；传送带下面是灌满营养液的水槽，根系从传送带上扎下来，浸入营养液，吸收水分和营养，供蔬菜生长发育。这种方法叫作“水培法”或“无土栽培法”，是美国一位农学家在1929年发明的。当时，他在水溶液中种出了一株7米高的西红柿，结出果实的总重达14千克，这一成就被称为20世纪农业最伟大的发现之一。

20世纪70年代初期，丹麦建立起第一座蔬菜工厂。工厂里能控制温度和湿度，并采用流水作业法。培养盘在传送带上单向水平移动，第1～2天种子在培养盘中发芽，这一段时间没有光线，称为发芽暗室。第2天后，长2毫米左右的小芽被传送带送入玻璃温室，始见天日，这时采用阳光照射和灯光辅助照射。接着的几个“车间”是根部加压，湿、温度控制以及气体控制等。当走完温室全程离开传送带时，大小均匀、颜色翠绿的嫩菜就长好了。如果是番茄、黄瓜类蔬菜，则个个果大色美，鲜嫩诱人，经包装即可上市销售。

日本专门生产高级电子仪器的日立中央研究所，前些年设计了一架生产蔬菜的装置。

在这架生产蔬菜的机器里，用日光灯代替太阳光，用发泡苯乙烯代替泥土。蔬菜的根部不断地流过含有肥料的营养水。整个装置里的空气、温度、湿度、二氧化碳含量等要素，都可以用人工加以控制。

科学家把这架蔬菜机器调节到最佳条件，这样，蔬菜就可以按最快速度生长。

他们曾做过这样的实验：一天 24 小时都用日光灯照射莴苣，并使里面的二氧化碳含量增大到大气中含量的 3 倍，使温度保持在 20℃。在这样的条件下，莴苣从 25 克长到 200 克，只要 8 天，而大田种植的

莴苣长到这么大需要花一个半月时间。

显然，蔬菜生长得越快，费用就越省，价格当然也随之下降。

现在，这种蔬菜机器已发展到大型化，成为真正的蔬菜工厂。

我国北京市长城科学仪器厂长青开发有限公司，也建成一座无土种植的现代蔬菜工厂。工厂采用的是立体无土栽培新技术，在一座大型的温室里，种出了黄瓜、芹菜、萝卜等。

武汉市在前几年首次建成了无土栽培基地，成为国家“星火计划”重点项目。武汉市用国产设备建起了一个有栽培系统、供液系统、温光控制和供水系统的“植物工厂化生产基地”，面积达1300多平方米。进行了黄瓜、西瓜、西红柿、青椒、冬瓜、芹菜等无土栽培试验，效果良好。首批生产的西红柿亩产3900千克，为露天秋季栽培产量的2倍。

蔬菜生产，已走出了几千年来的田园模式，步入了现代化工厂生产的规模，这充分显示了科技的力量，给蔬菜的生产带来了新的曙光。

蔬菜上的灵丹妙药

菜农们都有这样的经验：番茄、辣椒、黄瓜、茄子等蔬菜，往往花开得多，而结果少，有不少花和蕾不等成熟就脱落了，颇有“虎头蛇尾”的状况。

那么，如何改变这种令人忧虑的现象呢？

为此，科学家们在苦苦地进行着探索。

终于，农学家发明了一种药水，只要用笔轻轻地蘸一点滴在花上，便可以防止落花落蕾，促进果实生长，使蔬菜提高产量。这种“灵丹妙药”，就是大名鼎鼎的植物激素。

目前，人们已发现的植物激素种类有很多，属于天然激素的就有生长素、赤霉素、细胞分裂素、休眠素等，而属于人工

合成的激素则有2，4－D、萘乙酸、青鲜素、乙烯利等。天然激素是植物本身所产生的一种代谢产物，含量微小，多以微克（百万分之一克）计算。人工合成激素又叫做植物生长调节剂，它是模拟天然激素的结构，由人工合成的具有类似天然激素作用的物质。

蔬菜生产常用的激素有乙烯利，它是一种植物生长调节剂。当乙烯利溶液进入植物组织以后，能释放出乙烯，使番茄等作物的果实着色并加速成熟，使黄瓜、南瓜等瓜类蔬菜的雌花大量出现，既能增产，又能早熟，并且对人、畜安全无毒，显示出非凡的本领。

2，4－D也是蔬菜常用的激素，它既是植物生长调节剂，又是内吸型除草剂。它在低浓度下可以刺激植物生长，影响新陈代谢，使刺激部分生理机能旺盛，可减少落花落蕾，提高坐果率，促进果实的生长，并能提前成熟。2，4－D在高浓度下，有抑制植物生长并杀死杂草的作用，是一种较好的内吸除草剂。在蔬菜生产中，主要把2，4－D当作生长调节剂应用，用于控制茄果类和瓜类蔬菜的落花落蕾现象，表现出了特有的作用。

使用植物激素的方法有喷洒、涂果、浸果、蘸花、涂花、喷花等。不论使用哪种方法，必须注意浓度配制要准确，否则会引起副作用。

当然，使用“灵丹妙药”的同时，还要结合科学栽培管理，不然，“灵丹妙药”也会失灵，给生产带来损失。

六、来自基因工程的报告

所谓基因工程，就是采用工程设计的方法，按照人的需要，将特定的目的基因在离体条件下转入宿主细胞进行大量复制，最终产生新的基因产物的过程。基因工程是当今一个新兴的重大技术领域和带头学科。

基因工程能够冲破杂交的限制而直接控制基因，把这种控制植物性状的基因从一个品种转移到另一个品种，甚至可以把任何生物体的任何基因转移到植物体中去，使植物产生所需要的性状。

基因工程的问世，显示出它的诱人的生命力。

随着世界人口的不断增长，人们对粮食、油料、棉花、蔬菜的需求量越来越大。

利用基因移植技术定向改造农作物的遗传特性，使其按照人们预期的方向发展，这已从幻想变为现实。

人们运用基因工程技术，创造了许多巧夺天工的人间奇迹，闪烁着人类智慧的光华。

让植物生产药物

长期以来，人们期望植物能像工厂一样，生产出人体蛋白质。

科学的发展，使人们的这个企盼变成了现实。

前几年，美国密苏里州孟山都公司的科学家，在实验室里第一次成功地把哺乳动物的基因引入牵牛花，利用放射免疫法，在牵牛花细胞中获得了该基因所表达出的人体绒毛膜促性腺激素，为基因工程的发展开创了一个新纪元。

现在，科学家们在基因工程的领域里，

又进行了一个个大胆的探索试验。

科学家成功地把人体基因移入植物中，植物储存着人体特定的遗传信息，人体基因进入植物细胞后能自体繁殖，从而使植物成为能生产大量有用的人体蛋白的“小工厂”。

他们再接再厉，已成功地研制了能生产抗体的烟草，生产白蛋白血清（一种广泛运用于外科手术的白蛋白）的马铃薯，生产“应开佛令”（一种作用于人脑的止痛片）的油菜，生产“艾库力丁”（一种抗癌药）的长春花……研究者希望利用这些植物来制造大批人类激素、生长因子、酶和免疫细胞等。

值得一提的是，这种通过植物生产人体蛋白的方法，和过去相比有着很大的优势。

前些年，科学家把人的基因移入细菌、酵母和动物细胞内，生产胰岛素等药物，成本极高，而且获得的悬浮动物细胞或动物—人杂种细胞很不稳定。

高等植物则不同，特别是像烟草这种易由单个细胞进行再生而不需要种子的作物，外源基因的移入就相对容易得多。而且植物细胞的每一部分都与人类一样复杂，能熟练地在合适的机体中调配人体蛋白的合成，同时植物最大的有利条件在于能与真菌共生，从而产生大量有用的人体蛋白。

有些科学家还利用植物基因工程技术，在转基因植物中生产多肽药物。估计近几年就可进入生产使用阶段。

抗性植物

大家知道，病虫害是农作物的主要敌人。

据统计，美国在一年里由于病虫害危害农作物的损失高达20多亿美元。

可见，全世界各国的农作物被病虫害危害的损失就更巨大了。

面对这种实际情况，人们不免会产生

这样的想法：能用高科技的手段“诞生”出抗病虫害的植物，那该多好啊！

人们的期盼就是科学家们探索的课题。于是，世界各国的科学家们，都在不断努力探索这一具有重要意义的课题。

科学家们的研究，给人们带来了希望的曙光。

1982 年，美国孟山都公司和比利时根特大学的科学家宣布，他们分别成功地把细菌抗卡那霉素基因移植到向日葵、烟草和胡萝卜等农作物的细胞中，使这些作物获得了很强的抗卡那霉素的能力。

这一成果公布后，受到世界各国科学家的称赞，大家认为这项成果是利用基因工程技术改变农作物性状的一个重要突破。

1986 年，比利时的一个遗传科学家小组，把苏云金杆菌的基因移植到烟草细胞中。苏云金杆菌产生的青霉素能杀死昆虫的幼虫。当这些带有苏云金杆菌基因的烟草长成植物以后，它们对害虫的幼虫有很强的抵抗力，幼虫吃了这些烟草，2 天以后就身体麻痹而死亡。可贵的是，这种新品种烟草还能把这种抵抗力一代接一代地遗传下去。

日本的茨城县筑波市，已开始在试验田里栽培基因重组西红柿。这种西红柿的基因中已移植进了抗各种危害农作物病毒的基因，因此，它对危害农作物的各种病毒有很强的抗御力。

美国科学家培育出对一种有机除莠剂具有耐药性的小麦植株。在公布结果时，这种新性状已遗传给连续两代小麦植株。

这是一件了不起的成就，是一项重要突破，翻开了农业生物技术的重要一章，为创造对病虫害和干旱具有更大抗性的谷物扫清了道路。

美国孟山都公司研究人员迈克尔·弗罗姆说，这项初步研究成果，将起到“给小麦导入新基因的科学导引图”的作用。

我国近年来一直在进行抗虫植物的研究，通过将苏云金杆菌中的毒蛋白基因导入植物的原生质体或细胞中，使它们再生

的植株具有抗虫的特性。现在获得的数种抗虫的转基因植物，其中首推抗螟虫水稻，抗棉铃虫、红铃虫的棉花。

不久前，日本京都工艺纤维大学的专家，试验把在自然界已经存在的杀灭害虫的细菌蛋白基因植入水稻细胞里，让其与水稻一起成长。昆虫的幼虫只要吃到充满了这些细菌的稻叶，便会因发育不健全而成不了娥，而这些幼虫中大约有 30% ~ 50% 又因为中了这些细菌的毒而成不了正常的蛹。据试验，这种“不用农药，植物自己将害虫打退”的“免疫稻”，对治蝗虫效果也很好，对人类无害，又能保护环境。

使植物多含蛋白质

一日三餐，离不开食物。我们现在的食物主要是由农作物提供的粮食。

再者，人体每天都要消耗一定数量的蛋白质。可是，粮食中蛋白质的含量却比较低。

据统计，当前世界每年缺少蛋白质4000万吨。那么，能不能让植物蛋白质的含量高一些呢?

于是，科学家们又想到了基因工程。

是啊，如果能利用基因移植技术来提高一些作物的蛋白质含量，那该是一件多么好的事情啊!

一般来说，谷类作物的蛋白质含量是比较低的，大约只有10%。而豆类作物的蛋白质含量就很高，譬如，大豆的蛋白质含量高达40%。

在农作物中，大豆蛋白质的含量可以说是“一流水平”的，因而寻找蛋白质时，科学家的目光自然地瞄向了大豆。

科学家们发现这样一个问题，在豆类作物的细胞中，有一些基因和蛋白质的合成有密切的关系。

于是，科学家大胆地提出这样的设想：如果能把产生蛋白质的基因移植到别的农作物体内，那不就可以使移植的植物提高

蛋白质的含量了吗？

提出问题，是科学家的可贵品质。

提出问题，科学研究才有奋斗的目标。

提出问题，有人评价是解决了问题的一半。

可见，在科学研究上，提出问题是多么重要啊！

正因为在提出问题的吸引下，科学家们在潜心研究着，在科研征途上披荆斩棘，攻破了试验中一个又一个堡垒。

1981 年 6 月，美国农业部长布洛克给人们带来了一项鼓舞人心的喜讯。由威斯康星大学的肯普与霍尔领导的研究人员，利用基因移植技术，从菜豆里取出了一个产生蛋白质的基因，然后把它“拼接”到根瘤杆菌 Ti 质粒运载体中，利用正常的转入机理，把菜豆蛋白质基因转移到向日葵细胞里。

捷报频传。1985 年，我国的一位留学生在美国期间，把大豆的一种主要贮藏蛋白质的基因移植到一种叫做矮牵牛的植物体中。后来，他在这种矮牵牛的种子里检验出了大豆的蛋白质。

这一事例充分说明：大豆的蛋白质基因在矮牵牛植株内发挥了作用，控制矮牵牛生产出大豆蛋白质。

以上成果让人们惊喜地看到，人们走利用基因移植技术来提高农作物的蛋白质含量之路，是可行的。

在提高作物蛋白质含量方面，我们目前已“克隆”了大豆球蛋白基因，玉米10kol醇溶蛋白基因以及赖氨酸种子蛋白基因等，将其导入重要经济作物中，对品种改良起着重要的作用。

日本北海道大学成功地培育了“大豆米”，使稻谷中的蛋白质含量增长了10%以上。

有一种含有“粤派克-2”基因的玉米，其胚乳中赖氨酸含量高出一般玉米70%；每100克蛋白质中含赖氨酸3.4克，而一般玉米品种仅为2克。目前，有人计划将“粤派克-2”高赖氨酸基因转移到水

稻、小麦等高产作物中，以育成超级作物，并设想在21世纪解决这一问题。

培育抗盐植物

前几年，联合国粮农组织的专家们发布了一条振奋人心的消息：用海水灌溉农田将不再是梦。

早在20世纪80年代，科学家们就从红树林及各种海洋植物中得到启示。红树林等海洋植物之所以能在海水浸泡的“海地”中生长，其主要原因是，它们是喜盐、耐盐的天然盐生植物。

于是，科学家们“顺藤摸瓜”，运用基因工程技术，从红树林种子基因到生态环境进行研究，结果发现它们的基因与陆地甜土植物不同。而正是这种独特的基因，使它们成为盐生植物，能够适应海水浸泡的生态环境。

据此，科学家认为人类一定有办法找

到或培育出适应海水灌溉的农作物。

按着这一思路，科学家苦苦探索了许多年。

1991 年，美国亚利桑那大学的韦克斯博士完成了一种耐寒内质盐生物——盐角草属的杂交试验。

紧接着，他又潜心研究高粱基因，使它适应咸土的生态环境。

韦克斯博士认为，在现在的粮食作物中，高粱生长速度快，根多，水分吸收快，只要解决它的耐性问题，用海水浇灌或咸土栽培它均有可能。

美国农业部的土壤学家罗宾斯也在打高粱的主意，他将高粱与一种非洲沿海盛产的苏丹杂草杂交，结果成功地培植出一种独特的杂交种——苏丹高粱。这种粮食作物的根部会分泌出一种酸，可快速溶解咸土土壤中的盐分而吸收水分。种植这样的农作物，采用海水浇灌后，海水中的盐分会自然被溶解掉，而不至于影响高粱的生长。

美国盐浓度实验室的负责人米希尔·谢农正在培育一种西红柿新品种，这种西红柿和普通西红柿在外形上没有太大差别，只是维生素含量更高些。

据谢农介绍，我们常见的西红柿品种是甜土植物，易受海水盐分损害，而野生西红柿通常是耐盐植物，将两者进行杂交，就可以得到我们所希望的可直接用海水灌溉的西红柿新品种。

海水灌溉农作物正在逐步走向普及栽种和收获阶段。意大利、日本和突尼斯等国都在试用海水直接浇灌农田。

意大利的报道说，用海水浇灌白菜、甜菜，其长势更好，且含糖量增加。

俄罗斯的消息说，用海水浇灌苜蓿，其产量较用淡水浇灌增加9倍多。

那么，海水灌溉为何能给农作物带来诸多的好处呢？

美国科学家认为，海底中的冷海水富含硝酸盐、磷酸盐、硅酸盐等营养物质，且水质纯净，不含作物常见的病菌，因而更有助于植物的生长。

值得大颂一笔的是，科学家们已经取得了突破性进展——用磁化海水灌溉农田，不管是什么样的土壤，都可以成为五谷良田。

当然，尽管对农作物如何适应磁化海水的生长机理仍在研究之中，但人们认为这是一种革命性的技术。它是将海水预先通过一种材料并不昂贵的特制管道，在管道的进水处安装一台磁化装置便成。海水通过时被磁化处理，再引用它浇地种庄稼。

据专家们介绍，用这种被磁化处理过的海水可以直接浇灌多种类型的土壤，并可使那些本属不毛之地的盐碱地脱盐，使之成为可耕之地。如果用它来冲洗空旷的高盐分的海滩，仅需 4 ~5 年的时间，就可将海滩改造为牧场。

俄罗斯的专家宣称，他们用磁化海水对大面积的盐碱海滩改良后，每公顷海滩平均每年产茄子 15 吨、西红柿 33 吨、高粱 30 吨。这真可称得上是农业上的奇迹！

用海水浇地种庄稼不再是梦想。这是现代科技的结晶，也是世界农业工程上的创举。它将使世界上一块块缺水少雨的荒地瘠土变成富庶的农田、牧区，将使滩涂、盐碱地变成稳产高产的沃土绿洲。

生物固氮与遗传工程

我们知道，空气主要由氧气和氮气组成，其中氮气约占4/5。在自然界的千万种生物中，有些生物能够直接吸收空气中的氮元素作为养料，它们将分子态氮元素先还原为氨，再转化为氨基酸和蛋白质，这叫生物固氮。

当你走进碧绿的田野，拔起一株茂盛的大豆，你会看到根部有一个个像芝麻粒大小的瘤状物，这就是大豆的固氮场所。实际上这是细菌为其寄主豆科植物营建的微小“氮肥厂”。

目前，已被证实有固氮能力的微生物

至少有 60 多属，约几百种，包括细菌、放线菌、蓝藻等。

俗话说："庄稼一枝花，全靠肥当家。"氮肥是植物生长的主要营养元素。为了获得农作物的高产，每年都需要施用大量氮肥。据估算，生产 1 吨小麦需要氮肥 23 千克。随着人口的增加，人类对粮食的需求也日益增加，所以氮肥需求量越来越大。

那么，怎么来解决氮肥剧增这一问题呢？

或许有人要说，多建几个化肥厂不就可以解决这个问题了吗？

实际上这种办法不能说是一种高明之举。建厂要费巨资不说，大量生产化肥，也会造成严重的环境污染；再者，长期使用化肥还会破坏土壤结构。

那么，能不能有一个两全其美之策呢？既能提供氮肥，又不污环境？

自然，人们又想到了固氮植物的微小"氮肥厂"。

是啊，这是一个诱人的问题。

固氮植物的微小“氮肥厂”，原料是空气中的氮气，取之不尽，用之不竭，这种化肥厂还不需要厂房，能源则是太阳能。

如果能让玉米、小麦、水稻都有固氮作用而不施或少施化肥，那该多好啊！

据计算，每亩地的根瘤菌一年约能制造约 25 千克氮肥。

令人遗憾的是，已查明的自然界具有固氮能力的只限于原核类微生物，真核微生物没有固氮能力，高等植物更无此能力。

为此，人们借助 20 世纪 70 年代兴起的遗传工程技术，来研究生物固氮问题，并开辟了美好的前景。

现在，固氮微生物细胞中遗传固氮能力的核心——固氮基因，已经能够在原核生物细菌之间转移，人们正在进一步将它向真核生物——酵母菌中转移。

科学家们正全力研究把固氮微生物的固氮基因转移到玉米、水稻、小麦、棉花等作物根部生长的细菌中去，这样一株作物实质上就变成了一个天然氮肥厂，将来农民无须施肥也可稳产高产了。

印度、日本把蓝绿藻接种到稻田，一年内水稻土每亩可得到氮素 30 ~ 36 千克。美国从大豆高产地块分离出一种共生固氮菌，能使大豆增产 29% ~ 40%。

我国在生物固氮方面也取得了可喜的成就。红花草用根瘤拌种或泼浇菌液已在江苏等地农村应用，增产效果显著。应用生物技术诱导小麦等非豆科植物结瘤固氮的研究也有初步突破，并在中澳、中德合作中得到证实。

目前，有人已把一种固氮菌移植到了胡萝卜细胞，还有人已把豌豆根瘤菌引入小麦和油菜的细胞。

看来，实现这一宏伟蓝图的日子，已经为期不远了。

发光基因“嫁”给植物

凡是到过美国圣地亚哥加利福尼亚大

学参观的人们，总是要到该校的植物园去领略一番那里奇妙的夜景。

这是为什么呢？或许你会感到好奇。

原来，加利福尼亚大学的植物园内种植着几畦奇异的植物，每当夜晚来临时，人们就会看见一片发出紫蓝色荧光的植物。

这难道是荧光灯在田间闪烁吗？

不是。这是一片能从体内直接发射荧光的神奇植物，是美国加利福尼亚大学的生物学家用基因工程的方法创造出来的杰作，真不愧是人间奇迹。

那么，科学家是如何成功创造出这一杰作的呢？

科学家首先在萤火虫的细胞深处找到了萤火虫的发光物质（就是DNA遗传分子长链），正是这种基因使萤火虫发光。然后，他们把一些化合物当作“剪刀”和“胶水”，把这种“发光基因”从萤火虫的细胞上“剪”下来，“粘”到一种植物感染菌上。当这种植物感染菌感染烟草细胞时，就把萤火虫的基因“嫁”给了烟草细胞的内部。受到感染的细胞此时一部分是萤火虫，一部分是烟草。这些神奇的细胞在整株烟草里生长发育开来，就成为闪闪发光的烟草了。

或许有人要问，这种闪光烟草的“荧光”有什么作用呢?

科学家们认为将某种发光基因移植到生物的基因中去，从而使生物自身发出光亮，以便更好地研究生物内在的发育和生长情况，这是生物自体示踪法。用这种方法来研究植物的奥妙，能更加方便。

有趣的是，美国海洋生物学家在美国东南海域温暖的海水中发现了一种能发出蓝光的海蜇。这种海蜇体内具有一种特别的基因——当海蜇受到其他生物侵袭时，细胞释放出的钙便与这种特别基因“联姻”，此时身体就会发出蓝光。

这种海蜇体的奇妙现象，启发了英国的科学家，他们把海蜇的特别基因的蛋白质成分移植到烟草上。结果，生长的烟草受到各种“压力”时，也会发出蓝光。

英国科学家在烟草研究的基础上，先后在小麦、棉花、苹果树等植物上移植了“发光基因”。

这项研究成果是，在一大片农田中，只要有几株植物被移植上“发光基因”，那么，这些“代表”一旦遭受细菌、害虫或寒冷、干旱等侵袭时，便会发出蓝光。这种“发光基因”极为微弱，只有通过特别的仪器才能观察到。一旦发现蓝光，人们就可以立即采取各种措施，大大减少施肥、农药、灌水的盲目性，降低农作物的生产成本。

根据这些研究成果，科学家对未来进行了大胆而乐观的设想。未来的世界，高速公路的两旁已不再是现代的路灯，而是被一排排高能发光植物所代替。尤其是发光的番茄和马铃薯以及形形色色的发光蔬菜，将在未来的餐桌上大放异彩。对植物的施肥、用水将更有目的，更为科学。

含疫苗的水果蔬菜

不打针，不吃药，只需让孩子吃一个香蕉，或是一只橘子，或是几片饼干，就可以有效地预防疾病。这并非“天方夜谭”。这一神话般的科学设想，正在科学家们的手里成为现实。

现代科学技术已经能够将普通的蔬菜、水果、油料、粮食等农作物，用基因工程改变成为预防疾病的各种各样的疫苗。

英国剑桥大学一位研究基因工程的科学家，通过多年的潜心研究，应用植物细胞嫁接抗原基因的技术，培育出一种可以预防霍乱发生的苜蓿植物，已收获到上千克的含有霍乱抗原的苜蓿。

对小白鼠的喂养实验证实，这种苜蓿具有令人满意的免疫功能。这种嫁接于苜蓿细胞内的霍乱抗原，能够经受得住人体胃酸的腐蚀而不被破坏，从而成功地激发

人体对霍乱的免疫功能。

德国生物学家们也在着手进行着改变香蕉的基因结构，以达到防病效果的课题研究。他们利用香蕉细胞携带乙型肝炎抗原，作为疫苗来预防乙型肝炎，也已取得了预期的效果。即只吃一个香蕉，就可免遭可怕的乙型肝炎病毒的侵袭。

美国印第安纳州普度大学和英国的约翰·英尼斯中心的研究人员，生产了可预防人体足部和口腔病的“牛豆”（一种豆科植物）疫苗。动物实验表明，该疫苗能产生较强的免疫反应，具有较好的防病效果。同时，他们还利用马铃薯培养出了白喉疫苗。

更为有趣的是，一种携带龋病抗原的烟草，在日本研究成功，并投入了临床使用。

近几年，美国华盛顿大学的研究人员又成功地培育出携带预防白喉抗原的萝卜，以及预防其他一些疾病的马铃薯、甘蓝、西红柿、洋葱、苹果等。人们食用这些含疫苗的水果、蔬菜，都可以收到预期的理想免疫效果，从而改变了打针的传统做法。

日本的一家化妆品公司成功地将一种农业病菌和能降低血压的氨基酸结合起来，并将它引入到番茄叶子中，这种植物会因受到“感染”而开始在番茄中产生抗高血压药物。

令人感兴趣的是，含疫苗的水果和蔬菜的生产和使用非常简便。农民只要得到经过基因工程改变以后，其细胞内含有某种病菌抗原的农作物种子，就可以自行种植和收获这些农作物，无须再加工就是地道的疫苗，在使用时连皮下注射器都不需要。

当然，含疫苗的水果、蔬菜——基因植物虽然“神通广大”，但它毕竟是植入新基因的另一种植物，在安全监管方面，除了环境的安全性，也要考虑被植入新基因的植物是否会产生副作用和毒性，对人类遗传基因是否会带来危害。因此，一些国家的基因植物，都必须先在农场接受2～5

年的安全性试验，并且还要通过食品及药品管理部门的审查以及广泛听取消费者的意见，才能决定是否上市。

根据国外社会学家预测，到21世纪初期，含疫苗的水果、蔬菜将进入寻常百姓家，造福于人类，看来，人们真应该感谢基因工程的“造化”。

由“电技术”到“基因枪”

植物基因的移植这一高新技术，如同巨大的磁石，吸引着科学家们不断地探索。

美国学者威廉·卡格里德和我国中山大学遗传学家李宝健合作，曾发明了一种叫“电导”的新技术，应用于基因移植。他们用高压电脉冲来冲击植物的细胞，使细胞膜出现很微小的小孔。与此同时，让有用的基因从这个小孔进入植物里边，并且跟细胞里的DNA（一种遗传物质）“联姻”，成为细胞的基因。他们在胡萝卜细胞基因移植上获得成功。

接着，植物学家沃尔博特创造了电刺激技术。他们把细胞放在特殊的溶液里，再用强烈的电脉冲来刺激细胞，让细胞膜上出现很小的开口，这样，外来的基因就很容易从这个小孔进入细胞里边了。

加拿大生物学家丹·莱佛伯博夫 1986 年 12 月宣布，他经过 2 年的努力，采用导电技术，把哺乳动物的基因移植到植物体内，获得了成功。

美国康奈尔大学的研究人员发明了一种更为奇妙的技术——基因注射。他们设计了一种“基因枪”，打一枪就可以把某种植物的遗传物质射入另一植物的细胞，异种基因就能使这些细胞产生原先不可能产生的某些化学物质。

科学家们已使用“基因枪”把异种遗传物质植入洋葱细胞。

或许有人觉得奇怪：这种“基因枪”怎么这样奇妙啊?

对此，我们有必要介绍一下“基因枪”

的奥秘。

科学家先把某种物质与水及直径约为1/4000毫米的若干金属微珠混合，然后，取一滴该混合液置于塑料子弹端部。子弹点火发射时，被一阻隔物挡在枪内，但微珠却可穿过阻隔物质上的一个小孔继续前行，并击中10厘米外的植物细胞靶。微珠的前进速度约为425米/秒，能穿透细胞壁。由于微珠表面覆盖着水和异种遗传物质的混合液，该遗传物就会被引入细胞内部。

你可知道？进入细胞内部微珠的多与少，可决定细胞的命运：进入细胞内部的微珠过多时，细胞就会死亡；较少时，细胞可保持正常。

重要的是，细胞至少能短暂接受异种基因，并可在一段时间内因外来遗传物质的作用而产生通常不能产生的某种蛋白质。

用这种方法，今后还可把异种遗传物质植入动物及细菌的细胞。美国科学家认为，这种“基因枪”是创造不同物种的新途径。

最近，我国华南农业大学的专家，采用“基因枪”把新的基因注入易患叶枯病的植物体内，培育出一株株抗病的绿苗，为基因工程谱写了新的篇章。

绿色革命

20 世纪 60 年代，在南美洲和亚洲，开展了一场以推广矮秆高产良种为主要内容的所谓“绿色革命”。这场革命，大幅度提高了粮食产量，使得墨西哥这个一贯进口小麦的国家，一跃而成为小麦出口国，菲律宾的水稻单产也因此猛增 2 ~ 3 倍。当时担任主角的几个水稻、小麦新品种，被称为“奇迹稻”、“奇迹麦”。

然而，随着世界人口的激增，粮食问题依然令人担忧。有人提出，必须依靠高新技术，掀起第二次“绿色革命”的浪潮，这种技术就是基因工程。

所谓基因工程，就是根据人类的需要，将某个基因有计划地移植到另一种生物中去的新技术。

在基因工程方面，已有不少成功的范例。

1983 年，美国学者将菜豆蛋白基因转移到向日葵的茎细胞中，结果这些向日葵细胞因此获得了合成菜豆蛋白的能力，成为自然界中从来没有过的新细胞株——“向日豆”。

基因工程大有可为，除能使农作物产量增加以外，还会使一些作物的性状、性能发生“革命性”的变化。

马铃薯是世界上种植最广的蔬菜兼粮食作物，但很大一部分因腐烂而浪费了。美国加州阿尔伯内试验站的比尔·贝尔克纳普尝试运用小鸡胚胎和昆虫免疫系统中的基因来解决这个难题。

草莓常因霜害而颗粒无收。而极地比目鱼体内则能产生一种抗冻素以抵御严寒。美国加州奥克兰市的 DNA 移植技术公司，计划将这种鱼的抗冻基因“注射”到草莓中去。不久，这种与比目鱼“结婚”的草莓上市后，从冰箱里取出来就不再是软糊糊的了。

美国阿拉巴马州的一个农业试验站，培育的棉苗只喷施一次除草剂，杂草便会死亡，棉花会茁壮成长，原来这是基因移植棉花。而普通的棉花在种植季节要喷施12项之多的化学剂，向至少毁掉1/4收成的虫害和杂草做斗争。

科学家正在揭示基因在植物光照反应中所起的作用。此项研究显示：同一种作物也有可能据市场需要依次分批成熟，或遇到春寒时推迟开花期。

科学家们相信，基因工程也一定能创造出耐热、耐干旱甚至耐盐碱的植物；可望把固氮基因转移到粮食作物中，从而彻底解决作物需氮问题；可望培养出既高产又富含赖氨酸的玉米新品种，满足人类的需要；也有可能把抗病基因转移到丰产性状比较理想的谷物中去，那么，便能获得

丰产和抗病两全其美的新品种；还可以把许多有用基因转移到微生物中去，以便廉价、工厂化地生产人类需要的生物产品……

是啊，基因工程的发展给农业生产展示了无比光辉的前景。人们一致认为，第二次绿色革命，将由基因工程来担任主角，其基因产品将是十分诱人的。

七、植物“飞”上太空

植物与太空飞行，似乎是风马牛不相及的事。然而，人类在向茫茫宇宙进军的征途中，除要研究宇航技术本身外，与植物研究也有着千丝万缕的联系。因为植物能够提供给人类生存需要的氧气和食物，这就决定了研究太空植物的必要性。

宇航员与蓝藻“结缘”

宇航员离不开氧气、水和营养，在离开陆地之前，必须将这些生活必需的东西备好。如果长时间在宇宙中飞行，光这些东西加在一起的重量就会对起飞、飞行增加困难。基于这种情况，科学家们在为宇

航员提供氧气和食物方面，不断地开拓新的领域。

日本科学厅宇航技术研究所与东亚燃料工业公司共同合作，开发了一种太空基地上使用的必备装置。把一种蓝藻放在该装置内培养繁殖，可为宇航员和在太空基地上长期居住的人们提供必不可少的氧气和营养。

这种蓝藻身手不凡，可以制成含有优质氨基酸和维生素的保健食品。在光合作用过程中，具有较高的吸收二氧化碳、生成氧气的本领。

试制的装置包括蓝藻培养槽、控制用计算机操作盘、氧气回收装置等。蓝藻放在循环的培养液中让其繁殖，增殖中的蓝藻的营养成分及其产生的氧气可供使用，这种装置在太空舱等与外界完全封闭的环境中也能连续循环运行。

一个蓝藻培养槽可供一个人一天正常生活所需的氧气。

培育太空作物

1957 年，第一颗人造卫星遨游太空。

1969 年，人类第一次踏上了月球。

这些壮举，为人类向宇宙进军拉开了帷幕。

宇航技术是当今科学技术发展的前沿阵地，科学家们预言，到 21 世纪，地球周围的太空将成为人类的“新大陆”。征服茫茫宇宙，必须解决吃的问题。

于是，科学家开始研究一个与航天密切相关的课题——培育太空作物。

或许有人要问，为什么要研究培育太空作物呢？

我们知道，动物和植物是相互依赖的，人类的生存离不开植物。

目前，宇航员在太空短暂逗留，可以携带氧气和食物上去，但那是维持不了多久的。必须把能产生氧气和食物的作物送上太空，在太空中开辟绿洲，建立农场、果园才行。太空中没有昼夜差别，光照充足，又没有地心引力，这些条件对植物生长都很有利，因此科学家对培育太空作物充满信心。

从 20 世纪 60 年代起，美国和前苏联科学家多次用飞船把植物送上太空，进行栽培试验。

他们发现，作物在太空中的生长情况和在地球上不同，会发生奇妙的变化：小麦的叶片不是始终朝一个方向，而是忽而这样，又忽而那样，最后长得像一团乱麻。大豆也怪，根不朝土壤里钻，而是窜出土壤。向日葵的向日运动周期大大加快。植物细胞分裂的速度也变快了，这一切都是由于太空中失重引起的。

科学家们分析了原因，认为，这是由于失重使得植物体内生长激素的分布规律被打破了，因而严重地影响了植物的正常生长。

于是，科学家模拟地球表面固有的弱

电场，让栽培太空作物的泥土带电。

这样一来，电子通过泥土流进植物根系，又从植物的叶梢向外发射，可以使植物体内激素的分布恢复正常，作物就不再无规律地胡乱生长了。

在宇宙飞船中，一盆盆的青菜、葱头、胡萝卜、燕麦、小麦、绿豆、松树苗、郁金香、兰花，长得绿油油的，小麦的成熟期比地面上提前40多天。

为了更好地研究太空作物，各国科学家在不断探索。

在美国的佛罗里达州，有一个占地面积24000平方米的太空研究中心，这个中心有一座由电脑控制的特殊菜园——宇宙菜园。宇宙菜园模拟太空环境，进行如微重力和失重、不同昼夜周期以及有限光谱范围光照等太空环境观察，研究作物的生长情况，以培育出既富有营养又适合宇宙条件的作物品种，试验栽培的有稻、麦、甘蔗、香蕉、蔬菜等。

美国休斯敦国家航天与航空研究所的

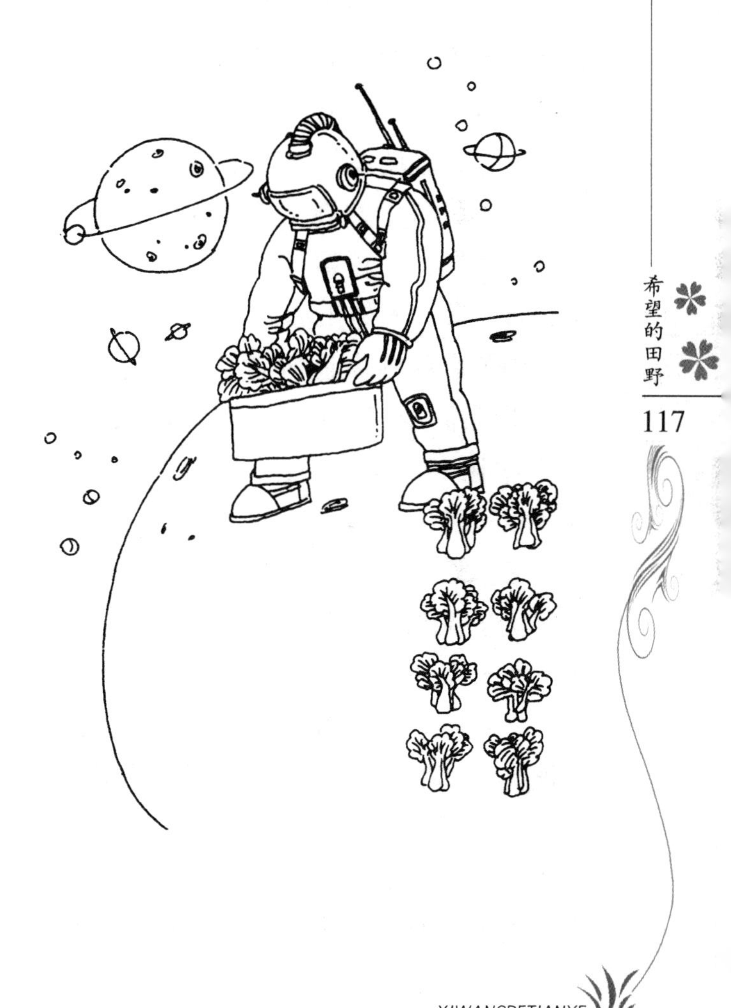

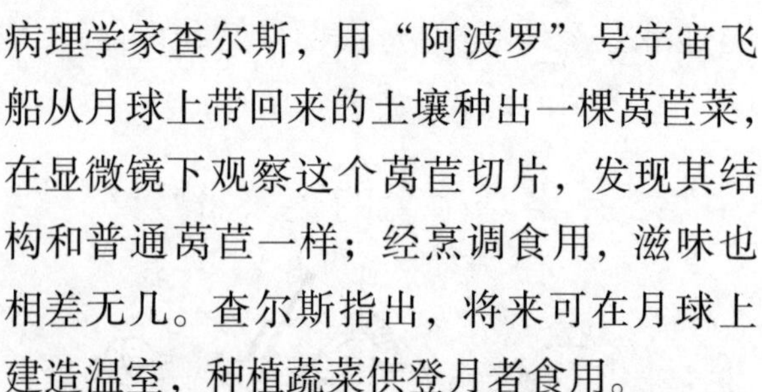

病理学家查尔斯，用“阿波罗”号宇宙飞船从月球上带回来的土壤种出一棵莴苣菜，在显微镜下观察这个莴苣切片，发现其结构和普通莴苣一样；经烹调食用，滋味也相差无几。查尔斯指出，将来可在月球上建造温室，种植蔬菜供登月者食用。

前苏联科学家在地面上专门建造了模拟太空飞船，两位宇航员在里面靠自己种植粮食蔬菜，竟然生活了100多天。

前苏联科学家还研制成一种尼龙丝似的化学纤维，把这种化学纤维编织成粗毡，摊开来用以在太空中栽培作物，最为方便。这种粗毡被称为“太空地毡田”。

太空作物的研究发展很快，在太空中开辟生机盎然的绿洲，为期已经不远。

科学家还设想在月球上建立农场、果园，使月球成为适应人类居住的地球第八大洲。到那时，说不定有的读者就能参加开发月球农场的研究哩。

值得提及的是，太空作物的研究，对人类大规模开发宇宙具有重要意义，同时对地球生态环境保护也具有现实意义。

宇宙基地上的蔬菜工厂

一个宇航员在宇宙滞留一年所必需的生命维持物质，大约为1300千克。用完这些生命维持物质后，就要花费昂贵的运输费从地球上补给，这是极不经济的。

就此，有人设想如果在宇宙基地种植蔬菜，并通过光合作用为宇航员提供有机物和氧气，宇航员又为蔬菜提供二氧化碳和有机物，这样可以大大减少昂贵的补给费用。

这一设想是完全可行的，宇宙蔬菜工厂将成为提供新鲜食物的愉快而舒适的生命维持装置。将来，在有人长时期居住的宇宙基地，它还将成为构成以宇宙基地内物质循环为目标的封闭生态系统的生命维持装置。

进一步说，这些技术在不远的将来还

会成为建设 1 ~ 10 万人规模的宇宙集居地的基础。

选择在宇宙蔬菜工厂栽培的蔬菜，标准是占有空间小，需要的能量少，生长速度快，营养价值大，口感好，以及栽培的稳定性和安全性高。

特别是在宇宙基地中，安全性是重要问题。现在已知道植物至少释放出 200 种物质，其中有的是对人体有害的，例如，水萝卜、西红柿、人参和马铃薯，它们都能释放出对人体有害的丙醛。

另外，人体也能释放出约 150 种挥发性物质，有的会妨碍植物的生长。

受美国国家航空航天局（NASA）委托，“受控制的生物生命维持系统”调查研究会推荐就小麦、水稻、马铃薯、甘薯、大豆、翼豆、花生、莴苣和甜菜等植物进行研究。此外有研究价值的还有芋头、卷心菜、草莓、洋葱和豌豆。

在宇宙农业试验中，根据以下标准，选择了莴苣、色拉菜和菠菜。这些标准是：

味美，对宇航员无害，生长期短，光合作用的饱和点较低，大小适当，能食用的部分多，营养成分丰富，易于消化吸收，地面生态清楚。

美国在宇宙基地的蔬菜工厂方面也加快了研究的进程。

前几年，美国航天飞机“哥伦比亚号”进行了有关“太空种菜”的研究。

这次研究由美国威斯康星大学教授、著名植物学家狄比斯主持。由于从地球到火星需要 2 年，为了能长时间地为太空人补充氧气和解决食物问题，因此，在太空舱内进行种菜研究。

这次航天飞机升空，在太空舱甲板上装了个自动控制室。其中有一条防锈金属管，上面布满各种大小不同的洞孔，蔬菜种子放在里面。另外有一个储水池、一个喷水池，还有一个将水还原的系统。一个微电脑记录控制室的操作情况。这一研究除了要解决太空人所需的氧气外，还需让植物根部吸水，植物茎叶蒸发出来的水可

在空气中凝固，回收成食用水。

人们力图在努力探索宇宙基地上的蔬菜工厂的奥妙方面积累经验，为建设永久性基地而努力。有人预言，实现这一愿望，已经为期不远了。

未来的太空作物

甘薯，俗称番薯、红苕、白薯、地瓜等。

甘薯的老家在美洲。我国的甘薯是福建长乐县一位爱国华侨陈振龙从吕宋（现在的菲律宾）想方设法带回中国，并不断推广，从而遍及全国各地的。

在人们眼里，甘薯不过是一种极为普通的作物，然而，美国和日本科学家正在联合开发甘薯，准备将它作为未来的太空作物，在太空舱里种植，供宇航员食用。

科学家们为什么要选择甘薯作为未来的太空作物呢？

甘薯的营养很丰富，既容易被人体消化，又能供给大量热能。据实验分析，每500克甘薯中含糖145克，蛋白质10克，粗纤维2.5克，脂肪1克，维生素A、B_1、B_2、C和尼克酸的含量都比其他粮食作物高。此外，还含有钙、磷、铁等矿物质。甘薯叶的营养价值也很高，是一种很好的绿叶蔬菜。

甘薯对环境的适应性强，易于栽培，只需一小段茎蔓、一小块切片甚至一小片叶子，就能长成一株新的红薯。

在太空舱里种植甘薯，既可以补充舱内的氧气，还可以吸收人体的排泄物及其他污水，形成一个小小的密封循环的生态环境。

宇航员虽从地球上带有各种食物，但这些食物口感较差，因而宇航员难以尝到新鲜的植物类食品。而太空舱内种植甘薯便可使宇航员获得新鲜的食品，这正是长时间在太空旅行及工作的航天者所希望的。

诱人的太空育种

自1957年第一颗人造卫星遨游太空以来，空间技术取得了突飞猛进的发展，并且相应地诞生了一门新的学科——空间生命科学。

科学家们认为，生命的开始和发展与它们所处的环境有密切的关系。

在宇宙空间的特殊环境里，强宇宙射线辐射、微重力、高真空、重粒子等条件，都能影响生物的生存、生长、衰老、变异，这些都是引起种子变异必不可少的条件，而这些条件在地面上却很难达到。

于是，科学家将目光投向了宇宙空间，进行了大量的试验，并取得了可喜的成果。

1980年，美国利用西红柿种子做太空搭载试验。经试验的种子，发芽率高、生长快、长势旺盛，增产达30%～60%，而且果实个大色红、酸甜适中、美味可口，

对人体无危害。

我国在这方面的研究也处于世界领先地位。1987年8月5日，我国在发射的第9颗返回式卫星上，中国科学院遗传所的科学家们首次将辣椒、小麦、水稻等一批种子搭载升空，开始了我国太空育种的有益尝试。这一研究课题，被列为国家863高科技航天领域生命科学项目。

现在，我国已经利用返回式卫星将几百个品种的农作物种子送上太空，进行诱变处理，返回后进行种植试验，获得了许多生理变异类型品种，并从中筛选出了数百个早熟、丰产、优质、抗病的新品种。

譬如，经过搭载的“农垦58”水稻种子在江西试种，不仅穗长粒大，有一株竟长出3~4穗，亩产达600千克，有的高达750千克，其蛋白质含量增加8%~20%，生长期平均缩短10天。

在黑龙江省引进试种的青椒种子，经过几个回合的培育，已产生了长势强、高产优质、抗病性强的新品种。水灵灵的大

青椒，其个头同茄子不相上下，单个青椒平均重量从一般种植的 90 克提高到 160 克，有的可达 300 ~ 400 克，而且品质大大提高，个大肉厚，维生素 C 含量提高了 20% ~ 25%。

上海育种的第四代“太空小麦”，长势旺盛，麦穗多而长，麦粒硕大，蛋白质含量提高，并有很强的抗赤霉病能力，亩产可达 350 千克。还有，西红柿种子经过 5 年多时间研究，其平均产量增加 20% 以上，病情指数减轻 41.7%。

有人或许要提出这样一个问题：人们为什么要进行太空育种呢？

有关人员算了一笔账：如果一颗卫星搭载 300 ~ 400 千克的种子，经过地面选育，可推广到 1 亿亩地种植，按亩产增加 15% 的保守估算，大约亩产可增加 40 千克，总产可增加 40 亿千克，至少够 24 万人吃 1 年。

你看，这是一个多么巨大的数字啊！这无疑是一件有巨大经济效益和社会效益的事业。

值得大颂一笔的是，我国空间诱变育种，经过多年的探索，已培育出一批优良品种，取得了明显的经济效益，为我国农业育种工作和优质高产、高效农业的发展，开辟了一条新的、富有魅力的途径。

相信有一天，各种各样的“天上美食”会摆上我们的餐桌。